FOM-Edition

Kompakt

Reihe herausgegeben von
FOM Hochschule für Oekonomie & Management, Essen, Deutschland

Bücher, die relevante Themen aus wissenschaftlicher Perspektive beleuchten, sowie Lehrbücher schärfen das Profil einer Hochschule. Im Zuge des Aufbaus der FOM gründete die Hochschule mit der FOM-Edition eine wissenschaftliche Schriftenreihe, die allen Hochschullehrenden der FOM offensteht. Sie gliedert sich in die Bereiche Lehrbuch, Fachbuch, Sachbuch, International Series sowie Dissertationen. Seit 2023 ergänzen zudem die Reihen FOM-Edition Kompakt und FOM-Edition Studium kompakt, mit denen komprimierte Inhalte kurzfristig herausgegeben werden können, das Portfolio.

Die Reihe FOM-Edition Kompakt ist thematisch breit gefächert. Die Bände der Reihe behandeln in knappem, schnell rezipierbarem Umfang hochaktuelle Themen und gegenwärtige Fragestellungen, die es Leserinnen und Lesern aus Wissenschaft und Praxis ermöglichen, sich schnell auf den neuesten Stand zu bringen.

Markus H. Dahm

Mit Künstlicher Intelligenz zu mehr Nachhaltigkeit

Ökologische, soziale und ökonomische Dimensionen

Markus H. Dahm (iD
FOM Hochschule
Hamburg, Deutschland

ISSN 2625-7114   ISSN 2625-7122   (electronic)
FOM-Edition
ISSN 2947-2032   ISSN 2947-6232 (electronic)
Kompakt
ISBN 978-3-658-51369-6   ISBN 978-3-658-51370-2   (eBook)
https://doi.org/10.1007/978-3-658-51370-2

Die Deutsche Nationalbibliothek verzeichnet diese Publikation in der Deutschen Nationalbibliografie; detaillierte bibliografische Daten sind im Internet über https://portal.dnb.de abrufbar.

© Der/die Herausgeber bzw. der/die Autor(en), exklusiv lizenziert an Springer Fachmedien Wiesbaden GmbH, ein Teil von Springer Nature 2026

Das Werk einschließlich aller seiner Teile ist urheberrechtlich geschützt. Jede Verwertung, die nicht ausdrücklich vom Urheberrechtsgesetz zugelassen ist, bedarf der vorherigen Zustimmung des Verlags. Das gilt insbesondere für Vervielfältigungen, Bearbeitungen, Übersetzungen, Mikroverfilmungen und die Einspeicherung und Verarbeitung in elektronischen Systemen.
Die Wiedergabe von allgemein beschreibenden Bezeichnungen, Marken, Unternehmensnamen etc. in diesem Werk bedeutet nicht, dass diese frei durch jede Person benutzt werden dürfen. Die Berechtigung zur Benutzung unterliegt, auch ohne gesonderten Hinweis hierzu, den Regeln des Markenrechts. Die Rechte des/der jeweiligen Zeicheninhaber*in sind zu beachten.
Der Verlag, die Autor*innen und die Herausgeber*innen gehen davon aus, dass die Angaben und Informationen in diesem Werk zum Zeitpunkt der Veröffentlichung vollständig und korrekt sind. Weder der Verlag noch die Autor*innen oder die Herausgeber*innen übernehmen, ausdrücklich oder implizit, Gewähr für den Inhalt des Werkes, etwaige Fehler oder Äußerungen. Der Verlag bleibt im Hinblick auf geografische Zuordnungen und Gebietsbezeichnungen in veröffentlichten Karten und Institutionsadressen neutral.

Planung/Lektorat: Angela Meffert
Springer Gabler ist ein Imprint der eingetragenen Gesellschaft Springer Fachmedien Wiesbaden GmbH und ist ein Teil von Springer Nature.
Die Anschrift der Gesellschaft ist: Abraham-Lincoln-Str. 46, 65189 Wiesbaden, Germany

Wenn Sie dieses Produkt entsorgen, geben Sie das Papier bitte zum Recycling.

Was Sie in diesem Band der FOM-Edition Kompakt finden können

- Eine verständliche Darstellung der theoretischen Grundlagen von Nachhaltigkeit (inklusive Drei-Säulen-Modell) und Künstlicher Intelligenz bis hin zu maschinellem Lernen und Deep Learning
- Systematische Aufbereitung der Einsatzfelder von KI in Großunternehmen und KMU entlang der ökologischen, sozialen und ökonomischen Dimension der Nachhaltigkeit – jeweils mit konkreten Praxisbeispielen
- Detaillierte Unternehmens-Cases (u. a. BASF, BMW, Bosch, DHL, Henkel, KMU-Praxisprojekte aus dem Green-AI Hub), die messbare Effekte auf Energieverbrauch, Materialeinsatz und CO_2-Emissionen illustrieren
- Strukturierte Analyse der Grenzen, Herausforderungen und ethischen Fragestellungen (Transparenz, Nichtdiskriminierung, Rechenschaftspflicht, Sicherheit) beim Einsatz von KI in nachhaltigkeitsorientierten Unternehmen
- Konkrete, schrittweise Handlungsempfehlungen für Unternehmen, inklusive Leitlinien zu Data Governance, KPIs, Change-Management und Human-in-the-Loop
- Einen praxisnahen Leitfaden speziell für Führungskräfte, IT-Verantwortliche, Nachhaltigkeitsbeauftragte und Projektteams, der als Orientierungsrahmen für zukünftige, nachhaltige KI-Projekte dient

Vorwort

Wir leben in einer spannenden, aber auch herausfordernden Zeit. Zwei große Entwicklungen verändern gerade unsere Wirtschaft und Gesellschaft: die digitale Revolution durch Künstliche Intelligenz (KI) und der weltweite Wandel hin zu mehr Nachhaltigkeit. Beide Themen greifen ineinander, treiben sich gegenseitig an und stellen Unternehmen vor dieselbe zentrale Aufgabe: Wie können wir Fortschritt so gestalten, dass er Zukunft möglich macht – für Menschen, Umwelt und Wirtschaft zugleich?

KI wird oft mit Effizienzsteigerung und Automatisierung verbunden. Doch sie kann weit mehr. Wenn sie sinnvoll eingesetzt wird, hilft sie, nachhaltiger zu handeln: Energie zu sparen, Ressourcen besser zu nutzen, Lieferketten transparenter zu machen oder neue, umweltfreundliche Geschäftsmodelle zu entwickeln. Gleichzeitig bringt KI neue Fragen und Risiken mit sich – etwa zu Datenschutz, Energieverbrauch, Verantwortung oder Fairness.

Dieses Buch beschäftigt sich genau mit dieser Verbindung von KI und Nachhaltigkeit. Es richtet sich an alle, die verstehen möchten, wie Unternehmen KI für eine zukunftsfähige, verantwortungsvolle Wirtschaft nutzen können – an Praktikerinnen und Praktiker ebenso wie an Studierende und Lehrende. Dabei geht es weniger um technische Details, sondern darum, welche Rahmenbedingungen, Werte und Strategien nötig sind, damit KI echten Mehrwert schafft.

In Kap. 2 werden die Grundlagen erklärt: Was bedeutet Nachhaltigkeit eigentlich, und welche Formen von KI gibt es? Auf dieser Basis zeigt das Buch, wie datenbasierte Technologien helfen können, ökologische, soziale und wirtschaftliche Ziele miteinander zu verbinden.

In Kap. 3 geht es um die Praxis. Beispiele aus großen und mittelständischen Unternehmen zeigen, wie KI schon heute eingesetzt wird – etwa um Emissionen zu verringern, Produktionsprozesse zu verbessern oder faire Arbeitsbedingungen zu fördern. Dabei wird auch deutlich, wo noch Stolpersteine liegen: fehlendes Wissen, unklare Zuständigkeiten oder der Umgang mit sensiblen Daten.

Kap. 4 widmet sich den Grenzen und Risiken des KI-Einsatzes. Themen wie algorithmische Verzerrungen, ungleiche Entscheidungsgrundlagen oder der Energieverbrauch großer Modelle zeigen, dass nachhaltige KI weit mehr ist als nur eine technische Frage. Sie ist immer auch eine Frage der Haltung, der Verantwortung und der bewussten Gestaltung.

Zum Abschluss bietet das Buch in Kap. 5 praktische Empfehlungen: Wie finden Unternehmen passende Anwendungsmöglichkeiten? Wie können sie eine verlässliche Datenbasis schaffen, die richtigen Kompetenzen aufbauen und den Wandel im Team gestalten? Die Hinweise richten sich an unterschiedliche Ausgangssituationen – vom kleinen Betrieb bis zum internationalen Konzern.

Das Ziel des Buches ist es, Orientierung zu geben, Denkanstöße zu liefern und Mut zu machen. KI ist kein Selbstzweck. Sie kann – richtig genutzt – dazu beitragen, Wirtschaft und Gesellschaft nachhaltiger und lebenswerter zu gestalten.

Hamburg   Markus H. Dahm
im Frühjahr 2026

Inhaltsverzeichnis

Über den Autor

Markus H. Dahm, MBA Prof. Dr. ist Dipl-Kfm. und hat im Internationalen Marketing promoviert. Heute ist er Organisationsentwicklungsexperte und Berater für Strategiefragen, Digital Change & Transformation. Ferner lehrt und forscht er an der FOM Hochschule in den Themenfeldern Künstliche Intelligenz, Digital Management, Nachhaltigkeit und Change-Management. Er publiziert regelmäßig zu Management- und Leadership-Fragestellungen in wissenschaftlichen Fachmagazinen, wie z. B. der vierteljährlich erscheinenden Zeitschrift „Ideen- und Innovationsmanagement", und populärwissenschaftlichen Fachmagazinen, wie z. B. der „Personalführung" oder der „Betriebswirtschaft im Blickpunkt", Blogs, Online-Magazinen, wie z. B. consulting.de, und der Wirtschaftspresse. Er ist Autor und Herausgeber (Springer, Haufe, Erich Schmidt) zahlreicher Bücher rund um Operative Exzellenz, Organisationsentwicklung, KI und anderen aktuellen wirtschaftlichen Fragestellungen. Markus H. Dahm ist außerdem Ambassador des ARIC Artificial Intelligence Center Hamburg.

Einleitung

1

Deutschland bringt günstige Voraussetzungen mit, um im globalen Wettbewerb um Künstliche Intelligenz (KI) eine führende Rolle einzunehmen. Die starke industrielle Basis, eine exzellente Forschungslandschaft sowie ein qualitativ hochwertiges Bildungssystem schaffen ein solides Fundament für technologische Innovation. Besonders in Schlüsselbranchen wie dem Maschinenbau oder der Automobilindustrie eröffnet KI großes Potenzial zur Effizienzsteigerung und Wertschöpfung.

Die globale Nachhaltigkeitsdebatte stellt Unternehmen zunehmend vor die Herausforderung, ökologische, soziale und ökonomische Verantwortung in ihre Geschäftsmodelle zu integrieren. Besonders deutsche Großunternehmen sehen sich mit wachsenden Erwartungen von Seiten der Politik, Zivilgesellschaft und Kapitalmärkten konfrontiert. Regulatorische Anforderungen wie die EU-Taxonomie, die Corporate Sustainability Reporting Directive sowie Environmental, Social und Governance (ESG) Kriterien erhöhen den Druck, nachhaltige Maßnahmen nicht nur umzusetzen, sondern auch messbar und transparent darzustellen.

Parallel dazu entwickelt sich die digitale Transformation rasant weiter. KI wird als Schlüsseltechnologie angesehen, um komplexe Entscheidungsprozesse datenbasiert zu unterstützen und Geschäftsmodelle zu innovieren.

In der unternehmerischen Praxis mangelt es jedoch häufig an einem systematischen Verständnis darüber, wie KI konkret zur Erreichung von Nachhaltigkeitszielen beitragen kann – insbesondere in der strukturellen Komplexität großer Unternehmen. Aktuelle Studien belegen, dass viele Unternehmen zwar ein hohes Potenzial sehen, jedoch noch erhebliche Umsetzungs- und Wissensdefizite bestehen.

Angesichts globaler Herausforderungen wie Klimawandel und Ressourcenknappheit wächst der Druck auf Unternehmen, ökologische und soziale

© Der/die Autor(en), exklusiv lizenziert an Springer Fachmedien Wiesbaden GmbH, ein Teil von Springer Nature 2026
M. H. Dahm, *Mit Künstlicher Intelligenz zu mehr Nachhaltigkeit*, FOM-Edition, https://doi.org/10.1007/978-3-658-51370-2_1

Verantwortung zu übernehmen. Gleichzeitig eröffnen Digitalisierung und KI neue Chancen zur Steigerung von Effizienz und datenbasierter Entscheidungsfindung.

Die Unternehmen stehen somit zwischen wirtschaftlicher Leistungsfähigkeit und nachhaltiger Entwicklung. KI kann hier als Hebel dienen, um ökologische, ökonomische und soziale Ziele besser zu erreichen. Praxisbeispiele zeigen Potenziale etwa bei der Optimierung von Lieferketten oder der Energieeffizienz. Gleichzeitig bleiben Herausforderungen bei Wirkung, Skalierbarkeit und ethischer Gestaltung bestehen.

Trotz ihres Potenzials wird KI bislang selten systematisch mit nachhaltigen Prinzipien verknüpft. Unternehmen fokussieren häufig kurzfristige Effizienzgewinne, während ökologische und soziale Wirkungen oft unzureichend berücksichtigt werden. Zudem bestehen Unsicherheiten bezüglich der Transparenz und Fairness algorithmischer Entscheidungen, besonders in sensiblen Anwendungsfeldern.

Die nachhaltige Nutzung von KI erfordert daher technische, regulatorische und ethische Anpassungen – eine Herausforderung, die gerade Großunternehmen mit komplexen Strukturen betrifft.

Wenn wir den Blick auf kleine und mittlere Unternehmen (KMU) richten, erkennen wir eine Reihe an besonderen Herausforderungen. Diese können in vier übergreifende Bereiche gegliedert werden: Personal und Kompetenzen, technologische Voraussetzungen, Finanzierung und das Nachhaltigkeitsmanagement der KI.

Ein zentraler Engpass für KMU ist der Mangel an im Unternehmen verfügbaren Kompetenzen. Nicht nur, dass KI-Spezialisten, wie z. B. Data Scientists, rare Ressourcen auf dem gesamten Markt sind, so sind im KMU häufig die finanziellen Mittel und die organisatorischen Voraussetzungen für diese Experten nicht geschaffen.

Im Hinblick auf die technologischen Voraussetzungen fehlen KMU oft zusätzlich eine ausreichende Datenbasis und -qualität, da Daten gar nicht oder lediglich in unstrukturierter Form vorliegen, was die Analyse ohne KI erschwert. Oftmals hängen diese beiden Herausforderungen mit einem bereits bestehenden Rückstand im Bereich der Unternehmensdigitalisierung zusammen.

Die Rückstände können zudem lediglich mit vorhandenen finanziellen Mitteln dezimiert werden. Die Einstiegshürde ist dementsprechend besonders hoch. Gerade weil ein Return on Investment (ROI) sich oftmals erst in späteren Phasen zeigt, was für Unternehmen mit eingeschränkten monetären Mitteln eine harte Geduldsprobe sein kann. Das Risiko wird in diesen Fällen oftmals gescheut und eher in Maßnahmen investiert, bei denen klare wirtschaftliche Vorteile zeitnah erkennbar sind.

Schaffen Unternehmen es, die Nachhaltigkeit durch KI-Einsatz voranzutreiben, werden spätestens die Herausforderungen des Nachhaltigkeitsmanagements bei der KI selbst sichtbar. Der hohe Energie- und Ressourcenverbrauch der KI-Systeme muss in der eigenen Nachhaltigkeitsbilanz berücksichtigt werden, um keinem Rebound-Effekten zu unterliegen und die CO_2-Emissionen in die Höhe zu treiben.

Theoretische Grundlagen

2

2.1 Nachhaltigkeit

Der Begriff „Nachhaltigkeit" hat sich in den letzten Jahrzehnten zu einem zentralen Orientierungsrahmen für gesellschaftliche, politische und wirtschaftliche Transformationsprozesse entwickelt. Besonders im Kontext globaler Herausforderungen wie dem Klimawandel, dem Ressourcenverbrauch und sozialen Ungleichheiten gewinnt das Konzept zunehmend an Bedeutung. Trotz seiner weiten Verbreitung in Medien, politischen Programmen und wissenschaftlichen Diskursen bleibt der Begriff semantisch vielschichtig und wird oftmals unterschiedlich interpretiert.

Im Kern beschreibt Nachhaltigkeit die Notwendigkeit, eine Balance zwischen ökologischen, ökonomischen und sozialen Zielen herzustellen, um die Lebensgrundlagen der gegenwärtigen und zukünftigen Generationen zu sichern. Dabei handelt es sich nicht nur um die Bewahrung natürlicher Ressourcen, sondern um einen integrativen Handlungsansatz, der komplexe Wechselwirkungen zwischen Mensch, Umwelt und Wirtschaft berücksichtigt. Nachhaltige Entwicklung impliziert somit eine ganzheitliche Perspektive, die langfristige Stabilität, soziale Gerechtigkeit und wirtschaftliche Leistungsfähigkeit miteinander in Einklang bringt.

Die sogenannte Brundtland-Kommission der Vereinten Nationen legte 1987 mit dem Bericht *Our Common Future* den Grundstein für den internationalen Diskurs über nachhaltige Entwicklung. Nachhaltigkeit wird darin definiert als „eine Entwicklung, die die Bedürfnisse der heutigen Generation befriedigt, ohne dabei die Möglichkeiten zukünftiger Generationen zu gefährden, ihre eigenen Bedürfnisse zu befriedigen" (World Commission on Environment and Development, 1987). Diese Definition, die bis heute gültig ist, betont die gleichrangige Bedeutung von

© Der/die Autor(en), exklusiv lizenziert an Springer Fachmedien Wiesbaden GmbH, ein Teil von Springer Nature 2026
M. H. Dahm, *Mit Künstlicher Intelligenz zu mehr Nachhaltigkeit*, FOM-Edition, https://doi.org/10.1007/978-3-658-51370-2_2

wirtschaftlicher Entwicklung und Umweltschutz im Sinne einer generationengerechten Ressourcennutzung.

Darüber hinaus wird der Begriff der Nachhaltigkeit in der Literatur häufig in das Konzept des Drei-Säulen-Modells eingeordnet, das die Dimensionen Ökonomie, Ökologie und Soziales gleichrangig als Bestandteile der Nachhaltigkeit ansieht.

Die ökonomische Dimension bezieht sich dabei auf die Sicherung der Leistungsfähigkeit der Wirtschaft, sodass die Bedürfnisse und der Lebensstandard der Bevölkerung gesichert werden können. Die soziale Säule steht für die Berücksichtigung der Bedürfnisse und Werte der Bevölkerung, und für Gleichheit und Gerechtigkeit. Darüber hinaus wird mittels der ökologischen Dimension der Umweltschutz, die Ressourcenschonung sowie der Klimaschutz adressiert, um die Existenzgrundlage für die Bevölkerung zu gewährleisten (vgl. Corsten & Roth, 2012).

Grundsätzlich gilt das Drei-Säulen-Modell innerhalb der Literatur als verbreitetes Konzept in Bezug auf den Begriff Nachhaltigkeit.

Ein Großteil der Unternehmen fasst das Nachhaltigkeitsmanagement unter dem Begriff Corporate Social Responsibility (CSR) zusammen. Die Europäische Kommission definiert CSR als Integration von gesellschaftlichen, ethischen und ökologischen Aspekten in das unternehmerische Kerngeschäft. Dabei ist hervorzuheben, dass keine Verpflichtungen zur Umsetzung bestehen und die Verantwortung für die Integration bei den Unternehmen liegt (vgl. Europäische Kommission, 2011). Für Unternehmen können ökologische und soziale Ziele auf den ersten Blick einen Störfaktor in Hinblick auf die Erreichung ökonomischer Ziele darstellen. Im Fokus steht häufig ausschließlich die Gewinnmaximierung. Dabei erfordert der Wertewandel ein Umdenken, sodass Unternehmen heutzutage zunehmend unter dem Druck stehen, zusätzlich Verantwortung für Umwelt und Gesellschaft zu übernehmen. Es gilt, Nachhaltigkeit als Chance anzusehen und eine Integration in das Geschäftsmodell vorzunehmen.

2.2   Künstliche Intelligenz

Es existieren zahlreiche Definitionen von KI, was sich vor allem durch die interdisziplinäre Natur sowie die Vielschichtigkeit des Intelligenzbegriffs erklären lässt. Grundsätzlich lässt sich KI als Teilbereich der Informatik verstehen, der sich mit der Nachbildung menschlicher kognitiver Prozesse durch algorithmische Systeme beschäftigt. In der Forschung wird häufig zwischen „schwacher" und „starker" KI unterschieden. Schwache KI ist auf spezifische Anwendungsbereiche beschränkt und zielt auf Aufgaben wie Mustererkennung oder einfache Entscheidungsprozesse ab. Ein zentrales Teilgebiet ist hierbei das Maschinelle Lernen. Demgegenüber strebt starke KI danach, ein System mit umfassenden kognitiven Fähigkeiten zu entwickeln, die mit denen des Menschen vergleichbar oder sogar überlegen sind (vgl. Pohlmann, 2022).

Die KI kann in verschiedene Stufen untergliedert werden, die sich als Teilmengen zueinander verhalten.

Das Maschinelle Lernen bildet eine grundlegende Unterkategorie der KI. Es beschreibt Verfahren, um darauf basierend Vorhersagen zu treffen oder Entscheidungen zu unterstützen. Innerhalb des Maschinellen Lernens werden drei Hauptformen unterschieden: Überwachtes Lernen verwendet gelabelte Trainingsdaten zur Erkennung funktionaler Zusammenhänge, unüberwachtes Lernen analysiert ungeordnete Daten zur Identifikation verborgener Strukturen, und verstärkendes Lernen optimiert Entscheidungsstrategien anhand von Rückmeldungen wie Belohnung oder Bestrafung (vgl. Murphy, 2014).

Eine vertiefende Spezifikation des Maschinellen Lernens stellt das Deep Learning dar. Es nutzt mehrschichtige neuronale Netzwerke zur Verarbeitung komplexer, hochdimensionaler Datenmuster. Diese Modelle basieren auf einer Vielzahl von Parametern, die mithilfe mathematischer Optimierungsverfahren an große Datenmengen angepasst werden, um nichtlineare Zusammenhänge effizient zu modellieren (vgl. Jahn, 2024).

2.3 Verbindung von KI und Nachhaltigkeit

KI bietet ein erhebliches Potenzial zur Förderung nachhaltiger Entwicklung in ökologischer, ökonomischer und sozialer Hinsicht. Durch den intelligenten Einsatz datenbasierter Systeme können Emissionen reduziert, Ressourcen effizienter genutzt und Produktionsprozesse optimiert werden. Dies betrifft insbesondere die Bereiche Energieeinsparung, Materialvermeidung, Qualitätssteigerung und Zeiteffizienz. Gleichzeitig unterstützt KI datenbasierte Entscheidungen, verbessert Arbeitsbedingungen und ermöglicht eine vorausschauende Prozesssteuerung.

Besonders in ökologisch relevanten Anwendungsfeldern zeigt KI ihre Stärken: Sie wird eingesetzt zur Erkennung von Umweltbelastungen, in der nachhaltigen Landwirtschaft, bei der intelligenten Abfallverwertung sowie zur Optimierung der Kreislaufwirtschaft. Weitere Einsatzgebiete umfassen die energieeffiziente Steuerung industrieller Prozesse, die Reduktion von CO_2-Emissionen und die ressourcenschonende Mobilitätsentwicklung. KI gilt damit als Schlüsseltechnologie zur operationalisierbaren Umsetzung einer nachhaltigen Transformation.

Im Energiesektor hilft KI etwa bei der Optimierung des Stromverbrauchs und der Integration erneuerbarer Energien. In der Logistik ermöglicht sie eine emissionsärmere Routenplanung durch Echtzeitanalyse von Verkehrs- und Wetterdaten.

Auch in der Landwirtschaft verbessert KI die Ressourcennutzung. Sensoren und daten-basierte Systeme steuern präzise Bewässerung und Düngung, wodurch Umweltbelastungen sinken. Zur Umweltüberwachung analysieren KI-Systeme Satellitenbilder, erkennen Entwaldung frühzeitig und unterstützen gezielte Schutzmaßnahmen.

Im Recycling ermöglicht KI eine präzisere Sortierung von Wertstoffen, was die Wiederverwertbarkeit erhöht und Rohstoffe einspart. Insgesamt trägt KI durch intelligente Datenverarbeitung wesentlich zur Umsetzung ökologischer Nachhaltigkeitsziele bei.

KI-Anwendungen in Großunternehmen und KMU

3

Mit der zunehmenden Integration von KI in unternehmerische Prozesse eröffnen sich neue Möglichkeiten, Nachhaltigkeit gezielt und wirkungsvoll zu fördern. Insbesondere Großunternehmen verfügen über die technologischen, finanziellen und organisatorischen Ressourcen, um KI nicht nur experimentell, sondern strategisch in ihre Geschäftsmodelle einzubinden. Dabei zeigt sich, dass KI-Anwendungen weit über reine Effizienzsteigerungen hinausgehen können. Sie bieten das Potenzial, ökologische, soziale und ökonomische Ziele miteinander zu verknüpfen.

Zentrale Wirkmechanismen liegen in der datenbasierten Entscheidungsunterstützung, der intelligenten Prozesssteuerung sowie der vorausschauenden Planung. Richtig eingesetzt, kann KI zur Ressourcenschonung und Emissionsminderung beitragen. Zudem kann KI auch soziale Aspekte wie Fairness, Arbeitssicherheit oder Chancengleichheit stärken und gleichzeitig die wirtschaftliche Resilienz eines Unternehmens fördern.

Im Folgenden werden exemplarische Anwendungsfelder von KI in Großunternehmen und KMUs entlang der drei Nachhaltigkeitsdimensionen vorgestellt.

3.1 Einsatz von KI zur Förderung ökologischer Nachhaltigkeit

Angesichts globaler Herausforderungen wie dem Klimawandel stehen insbesondere Großunternehmen unter erhöhtem Druck, ihrer ökologischen Verantwortung gerecht zu werden. Aufgrund ihrer umfangreichen Ressourcen, komplexen Lieferketten und bedeutenden Marktposition tragen sie eine besondere Verantwortung für die Umsetzung nachhaltiger Praktiken und das Vorantreiben ökologischer

© Der/die Autor(en), exklusiv lizenziert an Springer Fachmedien Wiesbaden GmbH, ein Teil von Springer Nature 2026

M. H. Dahm, *Mit Künstlicher Intelligenz zu mehr Nachhaltigkeit*, FOM-Edition, https://doi.org/10.1007/978-3-658-51370-2_3

Innovationen. KI bietet hierbei vielversprechende Ansätze, um ökologische Nachhaltigkeit datenbasiert, effizient und skalierbar umzusetzen.

Ein wichtiger Anwendungsbereich von KI liegt in der Steigerung der Energieeffizienz. In energieintensiven Branchen können KI-gestützte Systeme Produktionsprozesse in Echtzeit analysieren und optimieren, was zu einer signifikanten Senkung des Energieverbrauchs führt. Studien zeigen, dass der Einsatz von KI in der Industrie den Energieverbrauch erheblich senken kann, indem Produktionsabläufe optimiert und Energieverluste minimiert werden. So können KI-Algorithmen beispielsweise den Energieverbrauch von Maschinen überwachen und vorausschauende Wartungsmaßnahmen empfehlen, um ineffiziente Betriebszustände zu vermeiden.

Auch bei der Umweltüberwachung spielt die KI eine entscheidende Rolle. Durch die Verarbeitung großer Datenmengen aus verschiedenen Quellen, wie Satellitenbildern und Sensoren, ermöglicht KI eine präzise Überwachung von Umweltparametern. Dies hilft Unternehmen, Emissionen zu erkennen und gezielt zu reduzieren. So können KI-Systeme beispielsweise Methanemissionen von Industrieanlagen erkennen und geeignete Maßnahmen zur Reduzierung der Emissionen vorschlagen.

Weiteres Potenzial von KI liegt in der Optimierung von Lieferketten. Durch die Analyse von Daten entlang der gesamten Lieferkette können Unternehmen umweltfreundlichere Entscheidungen treffen, zum Beispiel durch die Auswahl nachhaltigerer Transportmittel oder den Abbau von Überproduktionen. KI kann dazu beitragen, den ökologischen Fußabdruck von Produkten zu minimieren, indem sie den Energieverbrauch und die Emissionen entlang der Lieferkette überwacht und optimiert.

Zusammenfassend lässt sich festhalten, dass KI ein wichtiges Instrument zur Förderung ökologischer Nachhaltigkeit in Unternehmen darstellt. Durch die Verbesserung der Energieeffizienz, präzise Umweltüberwachung und optimierte Lieferketten können Unternehmen ihren ökologischen Fußabdruck erheblich reduzieren. Die Integration von KI-Technologien in betriebliche Abläufe ist somit ein entscheidender Schritt hin zu einer nachhaltigeren Unternehmensführung. Dies gilt insbesondere für Großunternehmen, die über die nötige Infrastruktur und Datentiefe verfügen, um KI in großem Umfang effektiv einzusetzen.

Beispiele: KI für ökologische Nachhaltigkeit

Ein zentraler Hebel für den Klimaschutz liegt in der Verkehrsoptimierung. Mithilfe von KI lassen sich Verkehrsflüsse besser analysieren und steuern, wodurch Staus vermieden, Fahrtzeiten verkürzt und Emissionen reduziert werden können. Auch im Bereich der Landwirtschaft trägt KI zur Emissionsreduktion bei. Mit der Hilfe von Image Recognition analysieren KI-Systeme Wetter-, Boden- und Pflanzendaten, um punktgenaue Bewässerungs-, Düngungs- und Pflanzenschutzmaßnahmen zu steuern. Dies minimiert nicht nur den Einsatz von Pestiziden und Düngemitteln, sondern reduziert auch die Nitratbelastung im Grundwasser und den Ausstoß klimaschädlicher Gase.

KI bietet im Verkehrsbereich vielfältige Möglichkeiten zur Emissionsreduktion. Besonders durch die Kombination von intelligenter Logistik und umweltschonender Routenplanung können CO_2-Ausstoß und Energieverbrauch gesenkt werden. Voraussetzungen dafür sind die Vernetzung von Fahrzeugen und der Einsatz leistungsfähiger Sensorik sowie digitaler Infrastrukturen. Diese Anwendungsfelder zeigen deutlich: KI ist ein vielseitiges Instrument zur Senkung des ökologischen Fußabdrucks – sowohl durch direkte Effizienzgewinne als auch durch die Unterstützung regenerativer Praktiken. ◄

Kommen wir nun zu konkreten Unternehmensbeispielen aus Großunternehmen.

Die **BASF** SE ist ein weltweit agierender Chemiekonzern, der eine umfassende Digitalisierungsstrategie verfolgt, bei der KI eine Schlüsselrolle spielt. Besonders im Hinblick auf ökologische Nachhaltigkeitsziele nutzt das Unternehmen KI, um den ökologischen Fußabdruck zu reduzieren, innovative Konzepte der Kreislaufwirtschaft zu entwickeln und ressourcenintensive Prozesse zu optimieren. BASF setzt KI in verschiedenen Unternehmensbereichen ein – von der Forschung und Entwicklung bis hin zur Produktion und dem Management. Ein herausragendes Beispiel ist die Anwendung „xarvio™ Digital Farming Solutions", die digitale Landwirtschaftslösungen bereitstellt. Durch feldzonenspezifische agronomische Beratung unterstützt die Plattform Landwirtinnen und Landwirte dabei, den Einsatz von Pflanzenschutzmitteln zu reduzieren, die Anbauprozesse effizienter zu gestalten und gleichzeitig stabile Erträge zu gewährleisten. Die KI-Algorithmen basieren auf über 25 Jahren realer Felddaten und ermöglichen fundierte, datenbasierte Entscheidungen. Diese KI-gestützte Lösung fördert die ökologische Nachhaltigkeit, indem sie eine ressourcenschonendere und umweltfreundlichere Bewirtschaftung landwirtschaftlicher Flächen ermöglicht. Sie verdeutlicht, wie technologische Innovation und Nachhaltigkeit im industriellen Kontext miteinander kombiniert werden, um langfristige positive Umweltauswirkungen zu erzielen (vgl. BASF, o. J.).

Der global tätige Automobilhersteller **BMW Group** hat mit seiner Produktionsstrategie „BMW iFACTORY" gezielt digitale Technologien integriert. Im Zentrum dieser Strategie stehen die drei Säulen „LEAN. GREEN. DIGITAL.", die darauf abzielen, die Fahrzeugproduktion effizienter, ressourcenschonender und zukunftsorientierter zu gestalten. Der Einsatz von KI nimmt hierbei eine zentrale Rolle ein. BMW nutzt KI in Form eigener Inhouse-Technologien wie Car2X und AIQX. Car2X ermöglicht eine Echtzeitkommunikation zwischen Fahrzeug und Produktionssystem, wodurch jedes Fahrzeug aktiv am Produktionsprozess teilnimmt. Es überprüft eigenständig den Montagezustand, meldet Abweichungen und unterstützt Mitarbeitende durch Verbauhinweise. AIQX automatisiert visuelle und akustische Qualitätskontrollen mithilfe von Sensoren und KI-gestützter Datenanalyse. Durch den Einsatz von Kameras und Mikrofonen können sowohl visuell als auch akustisch Abweichungen frühzeitig erkannt und korrigiert werden. Diese KI-gestützten Systeme tragen zur ökonomischen und ökologischen Nachhaltigkeit bei, indem sie die Produktionsprozesse effizienter, schneller und fehlerfreier gestalten. Sie reduzieren den Ressourcenverbrauch durch weniger Nacharbeit und minimieren Qualitätsmängel, was die Langlebigkeit der Produkte und die Kundenzufriedenheit steigert. Darüber hinaus fördern die kontinuierliche Optimierung und Digitalisierung der Fertigung einen nachhaltigen Strukturwandel innerhalb der Automobilindustrie (vgl. BMW Group, 2023).

Besonders innovative Ansätze zeigen sich bei der **Bosch** GmbH, einem international führenden Technologie- und Dienstleistungsunternehmen, durch den Einsatz von Federated Learning zur Werkzeugüberwachung. Diese dezentrale Form des maschinellen Lernens ermöglicht eine sensorbasierte Überwachung von Fräswerkzeugen zur Bestimmung des optimalen Wechselzeitpunkts, ohne dass sensible Produktionsdaten zentral gespeichert werden müssen. Das Projekt erzielte eine Einsparung von 52 kg Werkzeugstahl und 150 kg Bauteilstahl pro Jahr durch vermiedenen Ausschuss. Die Predictive Maintenance-Anwendung[1] verlängert die Werkzeugstandzeit und kombiniert dabei Anomalieerkennung mit Edge Computing (vgl. Green-AI Hub Mittelstand, o. J.c).

Werfen wir nun einen Blick auf KMU bzw. den Mittelstand.

Im Bereich der ökologischen Nachhaltigkeit zeigen sich besonders konkrete Einsparungspotenziale. Das Pilotprojekt von **Kalzip**, ein führender Anbieter von Dächern, Fassaden und Gebäudehüllen aus Aluminium und Metall, demonstriert eindrucksvoll die Möglichkeiten der Ressourcenoptimierung: Durch einen KI--Assistenten zur Optimierung statischer Berechnungen von Aluminiumdachsystemen

---

[1] Predictive Maintenance (vorausschauende Wartung) ist eine intelligente Instandhaltungsstrategie, die Datenanalyse und KI nutzt, um Maschinenausfälle vorherzusagen, bevor sie passieren. Die Bedeutung liegt in der Optimierung von Wartungszeitpunkten, der Reduzierung ungeplanter Stillstände, der Senkung von Kosten und der Verlängerung der Lebensdauer von Anlagen, indem Wartungen genau dann geplant werden, wenn sie wirklich nötig sind – ein Fortschritt gegenüber reaktiver (Reparieren nach Defekt) und präventiver (Zeitbasiert) Wartung.

werden historische Konstruktionsdaten mittels Automated Machine Learning analysiert. Dies führt zu einer Einsparung von 60 t Aluminium pro Jahr, was einer CO_2-Reduktion von 810 t entspricht (vgl. Green-AI Hub Mittelstand, o. J. d). Die eingesetzten KI-Optimierungsalgorithmen ordnen sich der präskriptiven KI zu, da sie konkrete Handlungsempfehlungen für optimierte Materialdimensionierung liefern.

Ein weiteres Beispiel für erfolgreiche Ressourcenschonung bietet das Unternehmen **Storz Leiterplatten**, ein Familienunternehmen, das sein Augenmerk auf die Produktion von Leiterplatten richtet und sich insbesondere auf kleine bis mittlere Stückzahlen spezialisiert. Hier kommt prädiktive KI zum Einsatz: Durch Predictive Analytics zur Vorhersage von Ausschussteilen konnte eine Materialeinsparung von 3370 kg pro Jahr erreicht werden, wobei insbesondere wertvolle Rohstoffe wie Kupfer, Aluminium, Epoxidharz und Glasfaser eingespart wurden. Das eingesetzte maschinelle Lernen analysiert Produktionsdaten und identifiziert frühzeitig Qualitätsmängel, wodurch Überproduktion reduziert werden konnte (vgl. Reuter & Schubhan, o. J.).

Im Bereich der additiven Fertigung demonstriert das Unternehmen **Johann Herges** GmbH, eine Schuhmanufaktur in dritter Generation, die Potenziale des 3D-Drucks orthopädischer Einlagen. Die Umstellung von subtraktiver auf additive Fertigung wurde durch den Einsatz künstlicher neuronaler Netze (ANN) und Support Vector Machines[2] (SVM) optimiert. Dies führte zu einer Materialeinsparung von 70 % und einer um 60 % höheren Energieeffizienz, während der Ausschuss praktisch auf null reduziert wurde. Das eingesetzte Deep Learning zur Regressionsanalyse ermöglicht eine präzise Vorhersage optimaler Druckparameter (vgl. Green-AI Hub Mittelstand, o. J.a).

Alle Beispiele zeigen, dass durch den Einsatz von KI im Mittelstand wichtige Ressourcen eingespart werden können. Ebenfalls ist einheitlich der reduzierte Energieverbrauch ein wesentlicher Bestandteil der Optimierungen.

---

[2] Eine Support Vector Machine (SVM) ist ein leistungsstarker Algorithmus des überwachten maschinellen Lernens, der Daten in Klassen einteilt, indem er eine optimale Trennlinie (Hyperebene) findet, die den größtmöglichen Abstand (Margin) zu den nächstgelegenen Datenpunkten jeder Klasse hat; diese entscheidenden Punkte nahe der Grenze werden als Stützvektoren (Support Vectors) bezeichnet und definieren die Entscheidungsgrenze, wodurch eine gute Generalisierung für neue Daten gewährleistet wird. SVMs können sowohl lineare Trennungen (gerade Linien) als auch komplexe, nichtlineare Muster mit Hilfe von Kernel-Tricks (z. B. RBF-Kernel) in höherdimensionale Räume abbilden.

3.2 Einsatz von KI zur Förderung sozialer Nachhaltigkeit

Neben der ökologischen Dimension gewinnt auch die soziale Nachhaltigkeit zunehmend an Bedeutung. KI bietet hierbei vielfältige Möglichkeiten, soziale Aspekte wie Chancengleichheit, Arbeitssicherheit und menschenwürdige Arbeitsbedingungen gezielt zu fördern.

Ein wichtiger Anwendungsbereich für KI ist das Personalwesen, insbesondere die Personalbeschaffung. Algorithmus-gestützte Systeme können Bewerbungsprozesse nicht nur beschleunigen, sondern auch strukturierter und transparenter gestalten. So kann KI beispielsweise helfen, qualifikationsbasierte Entscheidungen zu treffen, indem sie Bewerberinnen und Bewerber nach objektiven Kriterien analysiert und so den Einfluss subjektiver (Vor-)urteile reduziert. In Großunternehmen mit hohen Bewerbervolumina können so Effizienz und Fairness parallel gesteigert werden.

Ein weiterer wichtiger Anwendungsbereich ist die Verbesserung der Arbeitssicherheit. KI-basierte Technologien wie Computer Vision ermöglichen die kontinuierliche Überwachung von Arbeitsumgebungen und können automatisch erkennen, wenn z. B. Schutzkleidung fehlt oder riskantes Verhalten auftritt. So können Unternehmen präventive Maßnahmen einleiten und die Unfallhäufigkeit deutlich reduzieren. Besonders in industriellen Großbetrieben, in denen physische Arbeit mit erhöhtem Gefahrenpotenzial verbunden ist, entfalten solche Systeme ein hohes Wirkungspotenzial.

Auch in globalen Lieferketten eröffnet KI neue Chancen zur Förderung sozialer Standards. Durch den Einsatz intelligenter Datenanalysen lassen sich soziale Risiken wie Kinderarbeit oder Verstöße gegen Arbeitszeitregelungen in komplexen Lieferantennetzwerken leichter identifizieren. Plattformgestützte KI-Systeme ermöglichen die automatisierte Auswertung von Auditdaten, Zertifikaten und ESG-Indikatoren und schaffen so mehr Transparenz. Damit unterstützt KI Großunternehmen dabei, soziale Verantwortung entlang der gesamten Wertschöpfungskette systematisch wahrzunehmen.

Zusammenfassend lässt sich sagen, dass KI ein wichtiges Instrument zur Förderung der sozialen Nachhaltigkeit ist. Sie trägt dazu bei, Personalprozesse objektiver zu gestalten, die Sicherheit am Arbeitsplatz aktiv zu verbessern und menschenrechtliche Sorgfaltspflichten in internationalen Lieferketten effektiver umzusetzen. Auf diese Weise stärkt KI nicht nur die soziale Leistung einzelner Unternehmen, sondern kann auch dazu beitragen, soziale Standards in der Wirtschaft langfristig zu sichern.

Beispiele: KI für soziale Nachhaltigkeit

Mit Blick auf die Arbeitswelt zeigt sich, dass KI in mehrfacher Hinsicht zur sozialen Nachhaltigkeit beitragen kann. Sie ergänzt menschliche Arbeitskraft, indem sie wiederkehrende oder gefährliche Tätigkeiten übernimmt, und trägt gleichzeitig zur Verbesserung der Arbeitsbedingungen bei, beispielsweise durch mehr Sicherheit in Produktionsprozessen. Deutlich wird dieser Trend in der Industrie. Der Einsatz sogenannter kollaborativer Roboter, auch „Cobots" genannt, nimmt zu. Diese Maschinen sind darauf ausgelegt, Hand in Hand mit Menschen zu arbeiten und dabei insbesondere monotone oder risikobehaftete Aufgaben zu übernehmen.

Während KI in der Arbeitswelt zu verbesserten Arbeitsbedingungen beitragen kann, eröffnet sie des Weiteren im Bildungsbereich neue Möglichkeiten für soziale Teilhabe und Gerechtigkeit. Besonders deutlich wird dies bei personalisierten Lernplattformen wie beispielsweise Kiron oder Squirrel AI, die ihre Inhalte adaptiv an den individuellen Lernstand der Nutzerinnen und Nutzer anpassen. Solche Technologien ermöglichen es, auf unterschiedliche Lernniveaus und Bedürfnisse gezielt einzugehen – ein Vorteil insbesondere für Lernende mit Rückständen. Holmes et al. (2019) betonen, dass KI-gestützte Systeme das Potenzial haben, den Zugang zu Bildung zu individualisieren und gleichzeitig das pädagogische Personal durch gezielte Empfehlungen zu unterstützen. Das Fraunhofer-Institut (vgl. Fraunhofer IESE, 2022) zeigt in einer Untersuchung, dass der Lernerfolg durch solche KI-gestützte Systeme um bis zu 30 % gesteigert werden kann. Ergänzend kommen digitale Assistenzsysteme wie Chatbots in Schulen, Hochschulen und Berufsschulen zum Einsatz, um administrative Hürden zu senken und individuelle Unterstützung anzubieten. Ein besonders wirksames Beispiel für den sozialen Mehrwert von KI in der Bildung ist das Projekt AI4InclusiveEducation der TU München. Hier kommen KI-basierte Sprachtools gezielt in mehrsprachigen Klassenzimmern zum Einsatz, um benachteiligte Kinder und Jugendliche beim Erlernen der Unterrichtssprache zu unterstützen. ◄

Kommen wir nun zu konkreten Unternehmensbeispielen.

Microsoft, eines der weltweit führenden Technologieunternehmen, setzt auf digitale Lösungen und innovative Technologien, um die Gesellschaft zu transformieren. Es setzt KI gezielt ein, um soziale Nachhaltigkeit zu fördern. Ein Beispiel hierfür ist die KI-gestützte App „Seeing AI", die mithilfe der Kamera des Smartphones visuelle Informationen in eine auditive Beschreibung umwandelt. Die App erkennt Gesichter, Texte, Objekte, Währungen und Farben und gibt detaillierte Informationen zu diesen wahrgenommenen Elementen wieder. Diese Technologie ermöglicht es blinden oder sehbehinderten Menschen, ihre Umgebung besser wahrzunehmen und im Alltag selbstständiger zu agieren. Ein Beispiel ist die Fähigkeit der App, Barcodes zu scannen und Produkte zu identifizieren, was den Nutzenden hilft, ihren Einkauf zu erleichtern und zu optimieren. Der Einsatz von KI zur Förderung der Barrierefreiheit und Inklusion zeigt, wie technologische Innovationen soziale Nachhaltigkeit unterstützen können. Microsoft hat mit „Seeing AI" nicht nur ein Werkzeug entwickelt, das das Leben von Millionen von Menschen mit Sehbehinderungen verbessert, sondern auch das Potenzial von KI demonstriert, um Inklusion in der Gesellschaft zu fördern und soziale Teilhabe zu ermöglichen. Durch diese Technologie wird nicht nur die Lebensqualität der betroffenen Personen erhöht, sondern auch die Chancengleichheit in einer zunehmend digitalen Welt gestärkt (vgl. Microsoft, o. J.)

Siemens Healthineers ist ein weltweit tätiges Unternehmen im Bereich der Medizintechnologie, das KI zur Transformation des Gesundheitswesens einsetzt. Das Unternehmen entwickelt KI-Lösungen, die klinische Prozesse automatisieren und Diagnosen sowie Therapien effizienter gestalten. Diese Lösungen basieren auf einer Infrastruktur, die Hardware, Software und Expertenwissen kombiniert. Es werden medizinische Daten aus einer Vielzahl globaler Quellen, darunter klinische Register, Ärztekammern und Forschungspartner gesammelt. Diese Daten umfassen klinische Bilder, Labordaten sowie genomische und anamnestische Informationen. Durch eine strikte Anonymisierung wird der Datenschutz der Patientinnen und Patienten gewährleistet. Die gesammelten Datenpunkte, die inzwischen mehr als zwei Milliarden umfassen, bilden die Grundlage für die kontinuierliche Verbesserung und Entwicklung präziser KI-Algorithmen, die die Diagnostik und Behandlung von Patientinnen und Patienten revolutionieren. Der Einsatz von KI im Gesundheitswesen trägt zur ökonomischen und sozialen Nachhaltigkeit bei. KI-gestützte Innovationen verbessern die Effizienz medizinischer Prozesse und ermöglichen eine präzisere, individuellere Patientenversorgung. Dies führt nicht nur zu besseren Behandlungsergebnissen, sondern fördert auch die nachhaltige Ressourcennutzung im Gesundheitswesen, indem es die Notwendigkeit für unnötige Tests oder Verfahren reduziert. Siemens Healthineers zeigt somit, wie KI zur Verbesserung der Gesundheitsversorgung und zur Förderung einer nachhaltigeren medizinischen Praxis beiträgt (vgl. Siemens Healthineers, o. J.).

Werfen wir nun wieder den Blick auf KMU.

Während soziale Nachhaltigkeit in den meisten Projekten als sekundärer Aspekt auftritt, zeigt das Beispiel von **INTEX** GmbH, ein Spezialist für Softwarelösungen in der Textilbranche, die fast alle Prozesse der textilen Lieferkette mit ihren Lösungen unterstützt, in der Textilindustrie einen ganzheitlichen Ansatz. Das

Unternehmen implementierte ein zweifaches KI-System: ein Recommender System für nachhaltige Materialien und ein Forecasting-System zur Bestandsvorhersage. Durch die Optimierung des Materialeinsatzes bei der entwicklung von Textilien wird nicht nur die Langlebigkeit von Kleidungsstücken erhöht, sondern auch die Emission von Mikroplastik reduziert. Das System unterstützt damit faire Arbeitsbedingungen durch verbesserte Planungssicherheit und reduziert gleichzeitig das Potenzial zur Überproduktion um mehrere Millionen Tonnen Textil pro Jahr. Die Multi-Channel-Bestandsvorhersage nutzt maschinelles Lernen zur Prognose und verbessert damit die Arbeitsbedingungen durch stabilere Produktionsplanung (vgl. Green-AI Hub Mittelstand, o. J. b).

Die soziale Dimension zeigt sich auch im Projekt von **Herges**, wo die Umstellung auf 3D-Druck nicht nur ökologische und ökonomische Vorteile bringt, sondern auch die Arbeitsbedingungen verbessert. Durch die Reduzierung monotoner manueller Tätigkeiten und die Schaffung qualifizierterer Arbeitsplätze in der digitalen Fertigung wird die Arbeitssicherheit erhöht und die Mitarbeiterzufriedenheit gesteigert.

3.3 Einsatz von KI zur Förderung ökonomischer Nachhaltigkeit

Auch die dritte Dimension der nachhaltigen Unternehmensführung, die ökonomische Nachhaltigkeit, erhält durch den Einsatz von KI neue Impulse. Vor allem Großunternehmen profitieren davon, da sie über die technischen, personellen und finanziellen Ressourcen verfügen, um KI systematisch zur Steigerung von Effizienz, Innovationskraft und Wettbewerbsfähigkeit einzusetzen.

Ein zentrales Potenzial liegt in der Steigerung der betrieblichen Produktivität. KI-basierte Systeme ermöglichen es, große Datenmengen in Echtzeit[3] zu analysieren, Prozesse zu automatisieren und fundierter betriebliche Entscheidungen zu treffen. Laut dem Institut der deutschen Wirtschaft setzen bereits drei Viertel der Großunternehmen in Deutschland KI-Lösungen ein und das mit einem deutlichen Effizienzgewinn.

Ein weiterer Hebel zur Förderung von ökonomischer Nachhaltigkeit ist die Entwicklung datengetriebener Geschäftsmodelle. Diese ermöglichen neuartige

---

[3] Unter Echtzeit-Analyse versteht man den Prozess der Analyse von Daten, sobald diese in einem System verfügbar sind. Echtzeit-Analysesysteme wenden Logik und Mathematik an, um schnellere Einblicke in diese Daten zu erhalten, was zu einem rationalisierten und besser informierten Entscheidungsprozess führt.

Formen der Wertschöpfung und stärken die Wettbewerbsfähigkeit von Unternehmen. Ein wesentlicher Erfolgsfaktor ist dabei die intelligente Nutzung großer Datenmengen, die mithilfe von KI systematisch ausgeschöpft werden können.

Darüber hinaus verbessert KI die Transparenz und Effizienz in globalen Lieferketten. Insbesondere Großunternehmen mit komplexen internationalen Netzwerken profitieren von prädiktiven Analysemethoden, die eine frühzeitige Risikoerkennung, die Optimierung von Lagerbeständen und eine Senkung von Transportkosten ermöglichen. Dies führt zu einer robusteren Wertschöpfungskette und stabileren Beziehungen zu Geschäftspartnern und Kunden.

Insgesamt lässt sich sagen, dass auch die ökonomische Nachhaltigkeit durch den strategischen Einsatz von KI gefördert werden kann. Sie unterstützt nicht nur Kostensenkungen und Effizienzsteigerungen, sondern fördert auch die Entwicklung von nachhaltigen Geschäftsmodellen und belastbaren Strukturen. KI hilft also, wirtschaftlichen Erfolg mit nachhaltigem Denken zu verbinden und die langfristige Wettbewerbsfähigkeit im digitalen Zeitalter zu sichern.

Beispiele: KI als Treiber nachhaltiger Geschäftsmodelle

Neben der Effizienzsteigerung bestehender Prozesse eröffnet der Einsatz von KI auch Möglichkeiten für strukturelle Neuerungen innerhalb von Wertschöpfungsketten. Die Entwicklung neuer Formen digital gestützter Geschäftsmodelle, welche klassische Produkt- und Dienstleistungsangebote erweitern oder gar vollständig transformieren, erfolgt auf Basis datengetriebener Entscheidungslogiken. Ein Beispiel für ein entsprechendes Geschäftsmodell wird durch das Berliner Unternehmen Plan A geboten, welches eine KI-basierte Plattform zur Berechnung von CO_2-Fußabdrücken in Unternehmen entwickelt hat. Die entwickelte Software analysiert dabei unternehmensinterne Daten und generiert automatisierte ESG-Analysen, die auf regulatorische Anforderungen abgestimmt sind. Diese Maßnahme unterstützt Unternehmen nicht nur bei der Dekarbonisierung ihrer Prozesse, sondern auch bei der nachhaltigkeitsorientierten Finanzberichterstattung. Die KI übernimmt dabei Aufgaben wie die Auswahl relevanter Emissionsfaktoren und die Ableitung von Reduktionsstrategien. Damit wird Nachhaltigkeit operationalisiert und in betriebliche Routinen integriert. Ein weiteres Fallbeispiel ist das Start-up Kumpan electric, ein deutscher Hersteller elektrischer Leichtfahrzeuge. Das Unternehmen setzt KI-gestützte Simulationen ein, um die Lebensdauer von Batterien zu optimieren und Ladevorgänge intelligent zu steuern. Ein intelligentes Flottenmanagement, das auf der Analyse von Einsatzmustern basiert, ergänzt das System. Dies ermöglicht eine Reduktion des Energieverbrauchs und eine effizientere Planung der Wartungsintervalle. Die Kombination aus Produktinnovation und datenbasierter Nutzungsauswertung schafft neue Geschäftsmodelle, insbesondere im Bereich von Sharing- und Mietkonzepten für urbane Mobilität. Beide Fallbeispiele demonstrieren, dass der Einsatz von KI nicht nur auf die Optimierung bestehender Prozesse begrenzt ist, sondern auch neue unternehmerische Handlungsoptionen eröffnet. Es wird deutlich, dass technologische Anwendungen einen Beitrag zur Verbindung von ökologischen und ökonomischen Zielsetzungen leisten können. ◄

Kommen wir nun zu konkreten Unternehmensbeispielen.

DHL ist ein international agierendes Logistikunternehmen mit führender Marktstellung und einem breit gefächerten Leistungsportfolio entlang der gesamten Lieferkette. Das Angebot reicht von nationalen und internationalen Paketdiensten über E-Commerce-Lösungen bis hin zu globalem Transport via Straße, Luft und See sowie zur industriellen Optimierung von Lieferketten. DHL setzt generative KI gezielt ein, um zentrale Geschäftsprozesse zu automatisieren und ökonomisch nachhaltiger zu gestalten. Ein zentrales Einsatzfeld liegt in der datenbasierten Optimierung der Angebotserstellung: Mithilfe KI-gestützter Systeme werden Kundendaten automatisiert strukturiert, analysiert und für logistische Konzeptentwicklungen vorbereitet. Dies führt zu einer signifikanten Verkürzung der Angebotsentwicklungszeit und ermöglicht eine schnellere Marktreife maßgeschneiderter Lösungen. Zudem werden durch die KI-gestützte Auswertung von Angebotsanfragen manuelle Analyseprozesse im Vertrieb deutlich reduziert. Dadurch können personalisierte Angebote effizienter erstellt werden, was zu einer gesteigerten Reaktionsgeschwindigkeit und höheren Kundenzufriedenheit führt. Der Einsatz generativer KI bei DHL trägt somit wesentlich zur Steigerung der betrieblichen Effizienz und zur Reduktion interner Aufwände bei. Gleichzeitig verbessert er die Ressourcennutzung und erhöht die Wettbewerbsfähigkeit des Unternehmens – zentrale Komponenten ökonomischer Nachhaltigkeit (vgl. DHL Group, 2024).

Henkel ist ein international tätiges Unternehmen mit langjähriger Expertise im Bereich Klebstofftechnologien. Henkel nutzt KI zur Simulation und Entwicklung sogenannter virtueller Klebstoffe. Dabei kommen KI-gestützte Modellierungs- und Simulationstechnologien zum Einsatz, mit denen das Materialverhalten digital vorhergesagt werden kann. Diese digitalen Zwillinge[4] ermöglichen es, die

---

[4]Ein digitaler Zwilling ist ein virtuelles Abbild eines physischen Objekts, Systems oder Prozesses, das durch Echtzeitdaten und Simulationen ein genaues digitales Gegenstück bildet, um Verhalten zu verstehen, Leistung zu optimieren, Fehler frühzeitig zu erkennen und fun-

Eigenschaften von Klebstoffen bereits in der frühen Entwicklungsphase präzise zu simulieren. Die KI erlaubt datenbasierte Entscheidungen und verringert die Notwendigkeit physischer Prototypen deutlich. Der KI-Einsatz bei Henkel trägt maßgeblich zur ökonomischen und ökologischen Nachhaltigkeit bei. Die beschleunigte Produktentwicklung reduziert Entwicklungszeiten und -kosten erheblich. Gleichzeitig werden Ressourcen geschont, da weniger physische Prototypen benötigt werden. Darüber hinaus ermöglicht die Technologie eine verbesserte Zirkularität, indem beispielsweise Debonding-Lösungen für eine leichtere Reparatur und ein effizienteres Recycling von Batteriemodulen sorgen. Insgesamt steigert der Einsatz von KI die Effizienz und Wettbewerbsfähigkeit, während ökologische Auswirkungen minimiert werden (vgl. Henkel, 2025).

Werfen wir zuletzt auch wieder den Blick auf die KMU.

Die ökonomische Dimension der Nachhaltigkeit wird auch bei KMU besonders durch Effizienzsteigerungen und Qualitätsverbesserungen adressiert. Das Unternehmen **4Packaging** GmbH, ein führendes Unternehmen in der Tiefdruck- und Prägeformherstellung sowie im Bereich der digitalen Reproduktion, nutzt Computer Vision zur automatischen Qualitätsbestimmung von Tiefdruckzylindern. Durch den Einsatz künstlicher neuronaler Netze zur Bilderkennung und Fehlerklassifizierung konnte die Fehlerquote um 20 % reduziert werden, was 403 fehlerhaften Zylindern pro Jahr entspricht. Dies führt zu einer Material- und Energieeinsparung von 10 bis 15 % und einer CO_2-Reduktion von 9 bis 12 t jährlich (vgl. Hacker & Schießer, o. J.). Die Computer Vision-Technologie repräsentiert hier eine Form der schwachen KI, die speziell auf die Aufgabe der visuellen Qualitätskontrolle trainiert wurde.

In der Präzisionsdrehteileproduktion setzt das Unternehmen **Heismann** Drehtechnik aus Velbert, das auf die Entwicklung und Herstellung von Präzisionsdrehteilen spezialisiert, auf ein KI-System zur frühzeitigen Fehlererkennung und optimierten Nachjustierung. Durch kleine neuronale Netze und Datenanalyse konnten 10.700 kg Rohmaterial und 19.600 kWh Strom pro Jahr eingespart werden. Die Produktionsagenten nutzen maschinelles Lernen zur kontinuierlichen Prozessoptimierung und verkörpern damit einen Ansatz der präskriptiven KI (vgl. Gawenda & Solzbacher, o. J.).

Besonders innovativ zeigt sich das Unternehmen **Fieldcode** aus Nürnberg, das Software für den technischen Außendienst entwickelt, mit einem System zur

dierte Entscheidungen über den gesamten Lebenszyklus hinweg zu treffen. Es verbindet die reale und digitale Welt, um Analysen und Vorhersagen zu ermöglichen, bevor Änderungen am Original vorgenommen werden, von einzelnen Komponenten bis zu ganzen Organisationen.

LLM-gestützten Analyse von Service-Tickets im Außendienstmanagement. Durch Natural Language Processing (NLP)[5] und Retrieval-Augmented Generation (RAG)[6] werden Service-Tickets automatisiert analysiert und optimierte Ersatzteil-Empfehlungen generiert. Dies führt zu signifikant reduzierten Servicefahrten und einer angestrebten Reduzierung ungenutzter Ersatzteile um 50 %, was sowohl Kosten als auch Kraftstoffverbrauch senkt (vgl. Schmid & Reichwald, o. J.). Die eingesetzten Large Language Models repräsentieren die generative KI und ermöglichen eine automatisierte Textverarbeitung und -generierung.

---

[5] Natural Language Processing (NLP) ist ein Teilgebiet der Informatik und KI, das Machine Learning nutzt, damit Computer die menschliche Sprache verstehen und mit ihr kommunizieren können.

[6] Retrieval Augmented Generation (RAG) ist eine Technik zur Verarbeitung natürlicher Sprache (NLP), die die Stärken von abfragebasierten und generativen Modellen der KI kombiniert. RAG KI kann genaue Ergebnisse liefern, die bereits vorhandenes Wissen optimal nutzen.

Grenzen, Herausforderungen und ethische Fragestellungen beim Einsatz von KI

4

4.1 Generelle Grenzen und Herausforderungen

KI verspricht erhebliche Potentiale zur Förderung der Nachhaltigkeit. Es können Ressourcen effizienter genutzt, Emissionen gesenkt oder soziale Aspekte, wie die Mitarbeitendenentwicklung, gefördert werden.

Neben den vielfältigen Potenzialen rücken auch die Herausforderungen zunehmend in den Vordergrund. Gerade im Kontext einer nachhaltigen Unternehmensführung sind Unternehmen mit einer Reihe von ökologischen, sozialen und ökonomischen Risiken konfrontiert, die im Folgenden beleuchtet werden.

Ein zentrales ökologisches Spannungsfeld beim Einsatz von KI ergibt sich aus dem hohen Energieverbrauch beim Training großer KI-Modelle. Insbesondere Deep-Learning-Verfahren verursachen erhebliche CO_2-Emissionen. Unternehmen stehen daher vor der Herausforderung, die Vorteile von KI für die Ressourceneffizienz mit den Umweltauswirkungen der Technologie selbst in Einklang zu bringen. Diese Entwicklung steht im Widerspruch zu den Klimazielen vieler Unternehmen und stellt die ökologische Nachhaltigkeit von KI-Projekten zunehmend in Frage. Ein weiterer ökologisch relevanter Aspekt ist der Ressourcenverbrauch in der Hardwareproduktion. Die für KI-Systeme benötigten Komponenten wie Graphics Processing Units (GPUs)[1] oder Tensor Processing Units (TPUs)[2] erfordern

---

[1] Einfach gesagt: Die GPU sorgt dafür, dass das, was die CPU an Befehlen verarbeitet, grafisch auf dem Bildschirm umgesetzt wird. Aufgrund ihrer hohen Leistung werden GPUs bis dato aber auch für komplexere Sachverhalte wie maschinelles Lernen, AR oder KI oder auch für das Mining von Kryptowährungen verwendet.

[2] Tensor Processing Units (TPUs) sind eine Art anwendungsspezifischer integrierter Schal-

© Der/die Autor(en), exklusiv lizenziert an Springer Fachmedien Wiesbaden GmbH, ein Teil von Springer Nature 2026
M. H. Dahm, *Mit Künstlicher Intelligenz zu mehr Nachhaltigkeit*,
FOM-Edition, https://doi.org/10.1007/978-3-658-51370-2_4

seltene Rohstoffe, deren Gewinnung erhebliche Auswirkungen auf die Umwelt haben kann. Zudem ist diese häufig mit problematischen Arbeitsbedingungen verbunden. Diese sozialen Implikationen verdeutlichen die Notwendigkeit, die Herausforderungen im Bereich der sozialen Nachhaltigkeit zu betrachten.

Ein wesentliches Risiko ergibt sich hier aus der zunehmenden Automatisierung von Arbeitsplätzen durch den Einsatz von KI. Besonders gefährdet, durch KI-basierte Systeme ersetzt zu werden, sind Beschäftigte in gering qualifizierten Berufen mit einem hohen Anteil an Routineaufgaben. Dabei sind Tätigkeiten in den Bereichen Produktion und Transport sowie einfache Bürotätigkeiten einem besonders hohen Risiko der Substitution ausgesetzt. So hat beispielsweise das schwedische Finanzunternehmen Klarna bereits in 2024 deutlich über 1000 Stellen abgebaut. Das Unternehmen betont, dass sein Chatbot menschliche Mitarbeitende bei Problemlösungen übertrifft und eine vergleichbare Kundenzufriedenheit erreicht (vgl. Wee, 2024). Microsoft und Alphabet haben jeweils 10.000 bzw. 12.000 Stellen in 2024 gestrichen. Weitere große Entlassungen gab es bei Meta (11.000), Amazon (10.000), Salesforce (7100) und Cisco (8000). Uber entließ ebenfalls viele Mitarbeiter und nannte KI als Hauptursache (vgl. Statista, 2024). Ohne begleitende Qualifizierungsmaßnahmen könnten bestehende soziale Ungleichheiten durch den Einsatz von KI weiter verschärft werden.

Eine weitere Herausforderung im Hinblick auf die soziale Nachhaltigkeit ergibt sich aus der Frage nach algorithmischer Fairness. Wie bereits beschrieben, kann KI dazu beitragen, Vorurteile in Recruiting-Prozessen abzubauen und Entscheidungen objektiver zu machen. Gleichzeitig zeigen Studien aber auch, dass KI-Systeme selbst nicht frei von Diskriminierung sind, wenn sie auf voreingenommenen Trainingsdaten beruhen oder eine intransparente Entscheidungslogik verwenden. Dies ist besonders dann problematisch, wenn sensible Merkmale wie Geschlecht, Herkunft oder Alter ungewollt die algorithmischen Entscheidungen beeinflussen.

Zu guter Letzt sollen die Herausforderungen und Grenzen der ökologischen Nachhaltigkeit im Zusammenhang mit dem Einsatz von KI beleuchtet werden. Trotz zahlreicher Potenziale zur Effizienzsteigerung und Innovation birgt der Einsatz von KI-Systemen auch wirtschaftliche Risiken. Der zunehmende Einsatz von großen KI-Modellen ist mit einem erheblichen finanziellen Aufwand verbunden. Diese Kosten, beispielsweise für Recheninfrastruktur, Energieversorgung und Fachkräfte steigen mit zunehmender Modellkomplexität kontinuierlich an und können sich negativ auf die Rentabilität auswirken, insbesondere, wenn ihnen kein entsprechender Mehrwert gegenübersteht. Zudem besteht die Gefahr, dass

---

tungen (ASICs), die von Google entwickelt wurden, um den wachsenden Rechenanforderungen des maschinellen Lernens gerecht zu werden.

kurzfristige, gewinnorientierte KI-Investitionen zu langfristigen wirtschaftlichen Belastungen führen. Damit rückt die Frage in den Vordergrund, ob aktuelle KI-Strategien tatsächlich langfristig tragfähig sind oder ob Unternehmen Gefahr laufen, sich in kostenintensive Abhängigkeiten zu begeben.

Schauen wir uns nun konkret die Herausforderungen auf der Implementierungsseite der KI-Anwendungen an.

4.2 Herausforderungen bei der Implementierung von KI

Im Folgenden werden die Herausforderungen strukturiert nach dem Lebenszyklus eines KI-Projektes betrachtet. Startend mit der Voranalyse und Entscheidung zur Umsetzung, über die Implementierung der KI und abschließend mit den Herausforderungen im Betrieb einer KI.

Voranalyse und Entscheidung zur Umsetzung
Eine erste Hürde stellen die hohen Investitions- und Betriebskosten dar. Der Aufbau geeigneter KI-Infrastrukturen erfordert erhebliche finanzielle Mittel unter anderem für Software, Hardware, Datenmanagement und Mitarbeiterschulungen. Oft sind diese Aufwendungen nur schwer mit den kurzfristigen betriebswirtschaftlichen Zielen der Unternehmen zu vereinbaren und treffen damit einen der zentralen Zielkonflikte, der Unternehmen bei der Umsetzung von KI-Projekten bremst.

Neben den hohen Investitionskosten haben Unternehmen häufig Probleme bei der Auswahl geeigneter Use-Cases, welche sowohl einen klar erkennbaren wirtschaftlichen als auch nachhaltigen Mehrwert bieten. Hierzu fehlt es an belastbaren Bewertungsgrundlagen und standardisierten Kriterien, um neben den ökonomischen auch ökologische oder soziale Effekte in die Entscheidung über KI-Projekte einzubeziehen. Somit geraten die Nachhaltigkeitsaspekte bei neuen Projekten oft in den Hintergrund und Potentiale bleiben ungenutzt. Verstärkt wird die Problematik der Use-Case-Findung durch einen Mangel an unternehmensinternem Wissen über die Funktionsweise von KI und fehlenden Fachkräften. Oft werden sinnvolle Einsatzmöglichkeiten von KI nicht erkannt, weil die betroffenen Mitarbeiter zu sehr in Alltagsarbeiten eingebunden sind oder Einsatzmöglichkeiten nicht richtig einschätzen können.

Implementierung der KI
Wenn ein sinnvoller Use-Case gefunden wurde und die Umsetzung startet, wird die Datenqualität und die Menge der verfügbaren Daten relevant. Da KI eine Statistik

ist, welche auf Trainingsdaten beruht, ist es wichtig, dass diese Trainingsdaten zum einen in ausreichender Menge vorhanden sind und dass sie die Realität widerspiegeln; also alle möglichen, aktuellen Szenarien abbilden können. Hierbei stehen vor allem Großunternehmen vor der Herausforderung, dass viele unterschiedliche Systeme im Einsatz sind. Oft bestehen die Trainingsdaten aus unterschiedlichen Datensätzen aus den verschiedenen Systemen. Diese müssen also zusammengeführt werden und eine übergreifende hohe Datenqualität muss gewährleistet sein, was zu zusätzlichem Aufwand führt.

Nachdem die KI entsprechend des Use-Case gebaut wurde und eine gute Genauigkeit aufweisen kann, stehen die Unternehmen vor weiteren Herausforderungen. Zum einen muss die KI nun in die bestehende Systemlandschaft eingebunden werden. Bei großen Unternehmen sind solche Eingriffe in ein bestehendes Geflecht aus Systemen oft mit komplizierten Anpassungen verbunden. Auf der anderen Seite gibt es oft interne Widerstände gegen Veränderung und Technologieakzeptanz, gegen die sich die neue KI oder das neue System durchsetzen muss.

Betrieb

Nachdem eine KI erfolgreich implementiert und in den Ablauf eines Unternehmens eingebunden wurde, steht dieses nun vor Herausforderungen im Betrieb der KI. Dabei müssen die Ergebnisse oder Empfehlungen der KI interpretiert und in einen größeren, unternehmensweiten Zusammenhang gesetzt werden. Um dies zu tun, müssen Mitarbeitende die Ergebnisse der KI nachvollziehen und bewerten können. Da eine KI jedoch wie eine Art Blackbox funktioniert und keine Anhaltspunkte gibt, warum die Entscheidung so getroffen bzw. empfohlen wird, erfordert dies viel Erfahrung. Neben der Interpretation der Ergebnisse sollten sich Unternehmen mit der Frage beschäftigen, wer die Verantwortung für die Entscheidungen der KI übernimmt.

Insgesamt zeigt sich, dass die Implementierung von KI von der Entscheidung KI zu nutzen bis zum Betrieb ein komplexer Transformationsprozess ist, der mit Größe des Unternehmens und mit Auswirkung der Entscheidungen der KI zunimmt.

4.3   Ethische Sichtweise auf den Einsatz von KI

Neben den Umsetzungsherausforderungen gibt es weitere Hindernisse und ethische Fragestellungen, welche beim Einsatz von KI Beachtung finden sollten. Durch Ethik werden moralische Prinzipien definiert, welche das grundlegende Verhalten jedes Menschen beeinflussen. Die Ethik wird durch die Gesellschaft geprägt und weitergegeben, sodass jeder Mensch innerhalb der Gesellschaft eine ähnliche Auffassung von ethisch korrektem Handeln hat. Diese Auffassung kann jedoch nicht einfach an KI weitergegeben werden, was dazu führen kann, dass KI nicht ethisch korrekte Entscheidungen trifft und somit wiederum negativen Einfluss auf die soziale Nachhaltigkeit haben kann. Es gibt viele Bewegungen, welche sich damit beschäftigen ethische Prinzipien möglichst gut in KI-Modelle einzubinden. Darunter staatliche Initiativen, supranationale Bestrebungen sowie private und zivile Gruppen. Algorithm Watch hat hierzu ein Inventar aus unterschiedlichen Veröffentlichungen solcher Bewegungen aufgebaut und sieht als gemeinsamen Nenner die folgenden Punkte als besonders relevant: Transparenz, Nichtdiskriminierung, Rechenschaftspflicht und Sicherheit (vgl. Algorithm Watch, 2019).

Durch den Transparenzaspekt werden Unternehmen dazu aufgefordert, Ergebnisse und Entscheidungen von KI-Systemen zum einen erklärbar und interpretierbar zu machen und zum anderen die Betroffenen der Ergebnisse darüber zu informieren, dass die Entscheidungen auf Basis von Algorithmen getroffen wurden. Die Nichtdiskriminierung soll eine systematische Benachteiligung von bestimmten Personengruppen verhindern. Bestehende Datengrundlagen können dabei historische Verzerrungen oder gesellschaftliche Ungleichheiten widerspiegeln. Darauf aufbauende KI-Systeme würden diese Ungleichheit durch ihre Entscheidungen verstärken und so in einem direkten Widerspruch zur sozialen Nachhaltigkeit stehen. Als Rechenschaftspflicht wird von den Unternehmen, welche KI einsetzen, erwartet, dass diese auch die Verantwortung für die Entscheidungen übernehmen und sich nicht auf die Intransparenz eines KI-Systems berufen. Eng damit verbunden ist auch der Sicherheitsaspekt. Denn hierbei genügt es nicht die Systeme vor Cyberangriffen oder Datenlecks zu schützen, sondern es muss zudem sichergestellt sein, dass gerade in kritischen Bereichen kontinuierlich zuverlässige und korrekte KI-Entscheidungen getroffen werden.

Handlungsempfehlungen

5

Der Einsatz von KI eröffnet weitreichende Chancen sowohl für betriebliche Effizienz als auch für Innovation und Nachhaltigkeit. Damit KI ihr Potenzial jedoch wirksam entfalten kann, braucht es mehr als nur technisches Know-how. Es braucht einen praxisnahen Orientierungsrahmen, welcher Ansätze aufzeigt, die mögliche Herausforderungen in diesem Kontext bereits frühzeitig eliminieren sollen. Dieses Kapitel bietet einen solchen Leitfaden, der dabei unterstützen soll, KI nachhaltig, verantwortungsvoll und zukunftsgerichtet einzusetzen und die Möglichkeit bietet alle Weichen für zukünftige KI-Projekte zu stellen.

5.1 Zielsetzung und Zielgruppe

Ziel der Handlungsempfehlungen ist es, Unternehmen beim Identifizieren möglicher KI-Anwendungsfälle, bei der Durchführung von KI-Projekten und beim Betrieb von KI-Lösungen zu unterstützen. Ein besonderes Augenmerk wird dabei auf Nachhaltigkeit, Ethik und Transparenz gelegt. Dabei sollte KI nicht nur als rein technisches Werkzeug verstanden werden, sondern als Transformationsmöglichkeit, die alle Bereiche eines Unternehmens betreffen kann, sowohl die Produktion, den Kundenservice und auch die Personalabteilung. Der Leitfaden richtet sich primär an Führungskräfte, IT-Verantwortliche, Nachhaltigkeitsbeauftragte und Projektteams, die planen, KI in ihrer Organisation einzusetzen. Gleichzeitig spricht er auch alle Entscheidungsträgerinnen und -träger sowie externe Beraterinnen und Berater an, die an der Gestaltung nachhaltiger KI-Projekte mitwirken.

© Der/die Autor(en), exklusiv lizenziert an Springer Fachmedien
Wiesbaden GmbH, ein Teil von Springer Nature 2026
M. H. Dahm, *Mit Künstlicher Intelligenz zu mehr Nachhaltigkeit*,
FOM-Edition, https://doi.org/10.1007/978-3-658-51370-2_5

5.2   Empfehlungen für die Umsetzung

Die Integration von KI zur Förderung von Nachhaltigkeit erfordert eine systematische und strukturierte Herangehensweise. Dabei muss die gesamte Wertschöpfungskette eines KI-Projekts betrachtet werden, angefangen bei der Analyse und Entscheidungsfindung, über die Implementierung bis hin zum laufenden Betrieb der Systeme.

Voranalyse und Entscheidung zur Umsetzung
Bereits vor den ersten KI-Projekten kann durch eine fundierte Datenbasis ein zentraler Grundstein für erfolgreiche KI-Projekte gelegt werden. Die Qualität und Integrität der Daten, auf denen KI-Modelle beruhen, sind maßgeblich für die Leistungsfähigkeit und Verlässlichkeit dieser Systeme. Unternehmen sollten daher eine unternehmensweite Data Governance etablieren. Diese umfasst unter anderem die Vereinheitlichung der Systemlandschaft, die Einrichtung eines zentralen Datenbestands im Sinne eines Single-Point-of-Truth sowie die Sicherstellung, dass ausschließlich aktuelle, konsistente und nicht verzerrte Daten gespeichert werden. Auf diese Weise kann gewährleistet werden, dass die Trainingsdaten der KI die betriebliche Realität widerspiegeln. Ethische sowie sachliche Verzerrungen sollen so vermieden werden.

Ein weiterer Erfolgsfaktor in der Voranalyse ist die Fähigkeit der Organisation, geeignete Anwendungsfälle für den Einsatz von KI zu identifizieren. Da dies nicht ausschließlich durch spezialisierte Fachabteilungen erfolgen kann, ist es erforderlich, KI-Kompetenzen breit im Unternehmen zu verankern, um Potentiale zu entdecken Dies kann bspw. durch Schulungsprogramme erreicht werden, die allen Mitarbeitenden den Zugang zu Grundkenntnissen der Funktionsweise und Einsatzmöglichkeiten von KI ermöglichen. Derartige Weiterbildungsmaßnahmen fördern nicht nur das allgemeine Verständnis, sondern schaffen auch die Voraussetzung, um realistische und nachhaltigkeitsorientierte Use-Cases aus unterschiedlichen Unternehmensbereichen heraus zu erkennen.

Implementierung der KI
Nach der Auswahl eines geeigneten Anwendungsfalls steht die Entwicklung und technische Umsetzung im Fokus. Für eine optimale Implementierung ist es erforderlich, vorab geeignete Indikatoren zur Erfolgsmessung und Güte der KI zu definieren. Diese Key Performance Indicators (KPIs) sollten sowohl wirtschaftliche als

auch ökologische und soziale Zielgrößen umfassen. Die Definition dieser KPIs hat idealerweise auf Grundlage des gesamten Lebenszyklus der KI-Anwendung zu erfolgen. Das schließt sowohl die Entwicklung und den Ressourceneinsatz als auch die operativen Auswirkungen des Systems mit ein. Durch ein kontinuierliches Monitoring dieser Indikatoren wird sichergestellt, dass der angestrebte Nachhaltigkeitsbeitrag messbar bleibt und gegebenenfalls nachjustiert werden kann.

Die Integration solcher KPIs in die Implementierungsphase erhöht nicht nur die Transparenz gegenüber internen und externen Stakeholdern, sondern wirkt auch einer reinen Effizienzlogik entgegen, welche soziale oder ökologische Aspekte potenziell vernachlässigen könnte und ist somit essenziell bei der Implementierung von KI in Nachhaltigkeitsprojekten.

Betrieb

Im laufenden Betrieb von KI-Systemen sind Fragen zur Verantwortung, Transparenz und Kontrolle von zentraler Bedeutung. Unternehmen sollten Maßnahmen ergreifen, um durch KI generierte Entscheidungen klar zu kennzeichnen. Die Anwenderinnen und Anwender müssen erkennen können, wann ein System maschinell generierte Vorschläge macht und sollten über die Funktionsweise und Reichweite dieser Systeme informiert sein. Dies dient nicht nur der Nachvollziehbarkeit, sondern erhöht auch die kritische Hinterfragung der Ergebnisse.

Darüber hinaus ist es empfehlenswert, unternehmensspezifische KI-Leitlinien zu entwickeln. Diese sollten eindeutig festlegen, in welchem Rahmen KI-Systeme Entscheidungen treffen dürfen und in welchen Fällen die endgültige Entscheidung bei menschlichen Mitarbeitenden verbleibt. Ein mögliches Modell besteht darin, KI ausschließlich als beratendes System zu verstehen, während die Verantwortung für operative Entscheidungen weiterhin bei den zuständigen Personen im Unternehmen liegt. Andernfalls ist zu klären, wer die Verantwortung für Fehlentscheidungen der KI übernimmt.

Ergänzend dazu sollten Strukturen geschaffen werden, die eine kontinuierliche Überwachung und Steuerung der KI ermöglichen. Dazu zählen interne Kontrollinstanzen sowie Prozesse zur Korrektur, Weiterentwicklung und Monitoring der Systeme. Auf diese Weise kann sichergestellt werden, dass die eingesetzten Technologien langfristig mit den strategischen Nachhaltigkeitszielen des Unternehmens in Einklang stehen und auch bei sich verändernden Rahmenbedingungen verlässlich agieren.

Empfehlungen für die Umsetzung im Überblick

- **Voranalyse und Entscheidung zur Umsetzung**
  - Strategische Verankerung und Führung: Nachhaltigkeitsziele und KI müssen vom Top-Management definiert werden; strategische Priorität setzen
  - Externe Unterstützung suchen und ggf. Kooperationen eingehen, wie Green AI HUB (staatlich gefördert)
  - ROI durch Effizienzgewinne: Können direkt messbare Einsparungen durch Verringerung von Energie oder Material sichtbar gemacht werden, so amortisieren sich Investitionen in KI. Ziele mit kurzfristig realisierbaren ROI sollten als erstes fokussiert werden.
  - Standardisierte KI-Lösungen anstreben (Eigenentwicklungen erfordern ein hohes Maß an Kompetenz und sind gewöhnlicherweise kostenintensiv)
  - Eine hochwertige Dateninfrastruktur und digitalisierte Prozesse sind obligatorisch; daher: Datenstrategie und Data Governance im Unternehmen aufbauen, um für Daten eine Datenqualität sicherzustellen, auf der KI aufbauen kann:
    Systeme homogenisieren
    Single Point of Truth[1] einrichten
    Aktualität und Vorurteilsfreiheit gewährleisten
  - Verantwortliche für KI im Unternehmen bestimmen
  - KI-Schulungen für alle Mitarbeitenden zugänglich machen, damit Use-Cases im Unternehmen entdeckt und analysiert werden können
- **Implementierung**
  - Zu jedem Use-Case vor der Implementierung entsprechende KPIs auch im Hinblick auf die Nachhaltigkeit ermitteln und monitoren, dabei den gesamten Lebenszyklus betrachten
  - Immer alle Maßnahmen und Aktivitäten an DSGVO und Nachhaltigkeitsrichtlinien orientieren

---

[1] Ein Single Point of Truth (SPOT), auch Single Source of Truth (SSOT) genannt, ist ein Datenmanagement-Konzept, das eine zentrale, konsistente und verlässliche Datenquelle für ein Unternehmen beschreibt. Anstatt Daten in verschiedenen Systemen zu duplizieren, wird eine einzige, autoritative Quelle etabliert, auf die alle Abteilungen zugreifen können, um sicherzustellen, dass jeder auf den gleichen, korrekten Informationen basiert, was die Entscheidungsfindung verbessert und Inkonsistenzen vermeidet.

- Fachkräfte schulen und Mitarbeitendenakzeptanz sichern: Nicht nur umsetzende Fachkräfte, sondern auch Know-how bei allen anderen Mitarbeitenden muss aufgebaut werden, um diese partizipieren zu lassen; Stichwort: Über gutes Change- und transparentes Kommunikationsmanagement die Veränderungsfähigkeit, -bereitschaft und -willigkeit fördern

- **Betrieb**
  - Entscheidungen und Empfehlungen von KI-Systemen entsprechend kenntlich machen
  - KI-Leitlinien entwerfen, in denen die Verantwortung der KI-Entscheidungen klar geregelt sind:
    Bspw. könnte festgehalten werden, dass eine KI nur Empfehlungen ausgibt und die endgültige Entscheidung weiterhin beim Menschen (z. B. Sachbearbeiterin bzw. Sachbearbeiter) liegt
  - Überwachungs-, Steuerungs- und Korrekturinstanzen für die KI einführen
  - Rebound-Effekte vermeiden – verwendete KI auf ihre eigene Nachhaltigkeit überprüfen

Fazit und Ausblick 6

6.1   Fazit

KI hat ein erhebliches Potenzial, Unternehmen auf dem Weg zu nachhaltiger Entwicklung zu unterstützen. Anhand der vorgestellten Fallbeispiele wird deutlich, wie KI etwa durch Optimierung von Lieferketten, Steigerung der Energieeffizienz und Unterstützung der Nachhaltigkeitsberichterstattung ökologische, ökonomische und soziale Ziele fördern kann. Dennoch bestehen erhebliche Herausforderungen. Die Sicherstellung der Datenqualität, der hohe Implementierungsaufwand sowie ethische Fragen und Risiken algorithmischer Verzerrungen erfordern eine sorgfältige Steuerung. Demnach wird deutlich, dass nur ein integrativer Ansatz, der technologische, organisatorische und ethische Aspekte vereint, langfristige und nachhaltige Erfolge verspricht. Die vorgestellten Handlungsempfehlungen zeigen dabei auf, wie KI verantwortungsvoll und wirkungsvoll eingesetzt werden kann.

© Der/die Autor(en), exklusiv lizenziert an Springer Fachmedien
Wiesbaden GmbH, ein Teil von Springer Nature 2026
M. H. Dahm, *Mit Künstlicher Intelligenz zu mehr Nachhaltigkeit*,
FOM-Edition, https://doi.org/10.1007/978-3-658-51370-2_6

Empfehlungen für Unternehmen

- Konzept der Twin Transformation[1] strategisch in Geschäftsmodelle integrieren, um digitale Innovationspotenziale systematisch zur Erreichung von Nachhaltigkeitszielen zu nutzen.
- Es sollten KI-gestützte Analysen etabliert werden, um Lieferketten nachhaltiger zu gestalten und den ökologischen Fußabdruck zu minimieren.
- KI-gestützte Modelle sollten eingesetzt werden, um den Ressourcenverbrauch in der Materialbeschaffung zu analysieren und ressourcenschonende Alternativen zu identifizieren.
- Strategien zur Veränderung des Arbeitsplatzes sollten entwickelt werden, um proaktiv neue Rollen zu schaffen und mögliche soziale Ungerechtigkeiten durch die Automatisierung abzufedern.
- Es sollten KI-gestützte Verfahren in der Personalbeschaffung etabliert werden, um Fairness und Transparenz zu fördern.
- Durch Investitionen in energieeffiziente KI-Infrastrukturen können langfristige Betriebskosten gesenkt und finanzielle Risiken minimiert werden.
- Die Rentabilität von KI-Investitionen sollte sorgfältig geprüft werden, um teure Abhängigkeiten zu vermeiden und einen Mehrwert gegenüber den wachsenden Kosten sicherzustellen.
- Im Hinblick auf eine Risikominimierung sollte die KI nicht in sensiblen Bereichen automatisiert eingesetzt werden, in denen eine menschliche Aufsicht erforderlich ist. Hier ist das Human-in-the-Loop-Prinzip zu berücksichtigen.
- Der KI gestützte Wandel zu mehr Nachhaltigkeit sollte transparent nach den rechtlichen Vorgaben dokumentiert werden, um eine verbesserte Nachvollziehbarkeit der Ergebnisse zu gewährleisten.

---

[1] Ein wichtiger Begriff im Zusammenhang mit der digitalen Transformation und Nachhaltigkeit ist die Twin Transformation. Sie beschreibt das Zusammenspiel von digitaler und nachhaltiger Transformation, bei dem Unternehmen sowohl ökonomisches Wachstum als auch ökologische Ressourcenschonung vereinen. Unternehmen, die beide Prozesse gleichwertig integrieren, werden als Twin Transformer bezeichnet. Sie nutzen die digitale Transformation, um Nachhaltigkeitsziele zu erreichen, während Nachhaltigkeit der Digitalisierung einen klaren Zweck gibt.

KI kann ein Werkzeug für nachhaltige Transformation sein. Gerade in deutschen KMU wird es bisher aber wenig genutzt. KMU können durch den gezielten Einsatz von KI-Technologien, wie Predictive Analytics, Computer Vision oder Natural Language Processing, konkrete Beiträge zu ökologischer, ökonomischer und sozialer Nachhaltigkeit leisten. Dadurch können sie Ressourcenverbräuche senken, Prozesse effizienter gestalten und Arbeitsbedingungen verbessern. Der Umsetzungserfolg hängt wesentlich von Datenqualität, digitaler Infrastruktur, internen Fachkompetenzen, Management-Commitment und einem kurzfristig realisierbaren ROI ab.

Gleichzeitig belegen die Praxisbeispiele aus dem AI-Hub, dass messbare Einsparungen bei Material, Energie und CO_2-Verbrauch als kurzfristige und wirtschaftliche Erfolge erreicht werden können. In jedem Fall muss eine Nachhaltigkeitsstrategie in Verbindung mit KI ganzheitlich betrachtet werden, um Rebound-Effekte zu vermeiden. Bei Unternehmen, die bereits Nachhaltigkeit mit KI umsetzen, sollte also unbedingt im Nachgang ermittelt werden, ob solche Rebound Effekte eingetreten sind – sonst kann ein Nettoeffekt nicht bestimmt werden.

Für alle Bereiche der KI-Implementierungen sollte ein gezieltes Change-Management stattfinden, um Ängste vor Automatisierungen bei der Belegschaft zu vermeiden.

In der folgenden Box werden Empfehlungen zusammengefasst, die sich an Staat und Gesellschaft richten:

Empfehlungen für Staat und Gesellschaft
- Gesetzgeber und Regulierungsbehörden sind aufgefordert, den Einsatz von KI durch verbindliche ethische und rechtliche Rahmenbedingungen zu regulieren. Dazu zählen Vorgaben zu Transparenz, Nachvollziehbarkeit algorithmischer Entscheidungen sowie Datenschutzstandards zur Sicherung individueller Freiheitsrechte.
- Arbeitsmarkt- und sozialpolitische Akteure sind gefordert, die sozialen Auswirkungen von KI, insbesondere im Hinblick auf Beschäftigung und Teilhabe, kontinuierlich zu beobachten und frühzeitig geeignete Qualifizierungs- und Absicherungsmaßnahmen zu implementieren.
- Politische Entscheidungsträger auf Bundes- und EU-Ebene sollten den Einsatz von KI in besonders energieintensiven Anwendungsfeldern an verbindliche Nachhaltigkeitsvorgaben koppeln und durch gezielte Förderprogramme für umweltverträgliche KI-Entwicklung ergänzen.

- Öffentliche Verwaltungen können KI-basierte Systeme einsetzen, um Verwaltungsprozesse bürgernäher, transparenter und effizienter zu gestalten. Dabei sollte der Fokus auf Teilhabe, Barrierefreiheit und sozialer Gerechtigkeit liegen.
- Förderinstitutionen und Forschungsfonds sollten gezielt Projekte unterstützen, die sich mit algorithmischer Fairness und sozialer Gerechtigkeit in KI-Anwendungen befassen. Dies umfasst auch die Entwicklung technischer Lösungen zur Reduktion diskriminierender Effekte.
- Datenverantwortliche Stellen in Verwaltung und Wirtschaft sind angehalten, offene, qualitativ hochwertige und repräsentative Trainingsdaten bereitzustellen, um Verzerrungen zu vermeiden und faire KI-Modelle zu ermöglichen. Dabei müssen Datenschutz und gesellschaftliche Repräsentation gleichermaßen berücksichtigt werden.

6.2   Ausblick

Angesichts der zunehmenden Integration von KI in komplexe Geschäftsprozesse und ihrer Bedeutung als strategischer Wettbewerbsfaktor wird die Relevanz von KI für eine umfassende nachhaltige Transformation weiter zunehmen. Um den positiven Beitrag von KI zur nachhaltigen Transformation voll ausschöpfen zu können, wird es in Zukunft entscheidend sein, die identifizierten ökologischen und sozialen Risiken bewusst und effektiv zu steuern. Für deutsche Unternehmen ist es daher unerlässlich, ihre KI-Strategien ganzheitlich zu betrachten, um wirtschaftlichen Erfolg und gesellschaftliche Verantwortung langfristig zu verbinden.

Neben technischer Expertise müssen Unternehmen Strukturen schaffen, um Risiken zu minimieren und Wirkung zu messen. Der Austausch von Best Practices und Lessons Learned, wie in den Fallbeispielen dargestellt, wird besonders wichtig sein, um auch kleinere Unternehmen zu unterstützen. Insgesamt bietet KI große Chancen, wenn sie verantwortungsbewusst genutzt wird.

Was Sie aus diesem Band der FOM-Edition Kompakt mitnehmen können

- Ein klares Verständnis, wie ökologische, soziale und ökonomische Nachhaltigkeit zusammenhängen und an welchen Stellen KI konkret als Hebel für nachhaltige Wertschöpfung wirken kann
- Ein differenziertes Bild darüber, welche Chancen KI in Großunternehmen und KMU bietet – und wo Grenzen, Risiken und typische Stolpersteine in der Praxis liegen
- Konkrete Impulse aus realen Unternehmensbeispielen, die zeigen, wie KI-Projekte messbar Energie, Materialverbrauch und Emissionen reduzieren oder soziale Standards verbessern können
- Orientierung, wie Sie KI-Initiativen strategisch an Nachhaltigkeitszielen ausrichten und dabei regulatorische Rahmenbedingungen, Governance-Fragen und ethische Anforderungen berücksichtigen
- Praktische Anhaltspunkte, wie Sie organisationale Voraussetzungen schaffen – von Kompetenzen und Datenbasis über Projektaufsetzung bis hin zum Change-Management
- Eine kompakte Grundlage, damit Führungskräfte, Projektverantwortliche oder Studierende fundiert über nachhaltige KI-Anwendungen diskutieren und nächste Schritte ableiten können

© Der/die Herausgeber bzw. der/die Autor(en), exklusiv lizenziert an
Springer Fachmedien Wiesbaden GmbH, ein Teil von Springer Nature 2026
M. H. Dahm, *Mit Künstlicher Intelligenz zu mehr Nachhaltigkeit*,
FOM-Edition, https://doi.org/10.1007/978-3-658-51370-2

Literatur

Algorithm Watch. (2019). AI Ethics Guidelines Global Inventory. https://algorithmwatch.
org/de/ai-ethics-guidelines-global-inventory/. Zugegriffen: 30. Mai 2025

BASF. (o. J.). Künstliche Intelligenz. https://www.basf.com/global/de/who-we-are/digitali-
zation/artificial-intelligence. Zugegriffen: 30. Mai 2025

BMW Group. (2023). So revolutioniert KI unsere Produktion. https://www.bmwgroup.com/
de/news/allgemein/2023/aiqx.html. Zugegriffen: 25. Mai 2025

Corsten, H., & Roth, S. (2012). *Nachhaltigkeit: Unternehmerisches Handeln in globaler Verantwortung*. Gabler.

DHL Group. (2024). DHL Supply Chain nutzt generative KI zur Verbesserung von Datenmanagement, Kundensupport und Angebotsgenauigkeit. https://group.dhl.com/de/
presse/pressemitteilungen/2024/dhl-supply-chain-nutzt-generative-ki.html. Zugegriffen:
28. April 2025

Europäische Kommission. (2011). *Mitteilung der Kommission an das europäische Parla-
ment, den Rat, den europäischen Wirtschafts- und Sozialausschuss und den Ausschuss
der Regionen: Eine neue EU-Strategie (2011–14) für die soziale Verantwortung der
Unternehmen (CSR)*. Europäische Kommission.

Fraunhofer IESE. (2022). *Adaptive Lernsysteme in der Bildung*. Fraunhofer-Institut für Ex-
perimentelles Software Engineering.

Gawenda, M., & Solzbacher, J. (o. J.). Prozessoptimierung Drehteileproduktion, Heismann
Drehtechnik GmbH und Deutsches Forschungszentrum für Künstliche Intelligenz.
https://www.green-ai-hub.de/pilotprojekte/pilotprojekt-heismann. Zugegriffen: 20.
Okt. 2025

Green-AI Hub Mittelstand. (o. J.a). Deutsches Forschungszentrum für Künstliche Intelligenz: 3D-Druck orthopädischer Einlagen. https://www.green-ai-hub.de/pilotprojekte/
pilotprojekt-herges. Zugegriffen: 20. Okt. 2025

Green-AI Hub Mittelstand. (o. J.b). Deutsches Forschungszentrum für Künstliche Intelligenz: Ressourceneffizienz in der Textilindustrie. https://www.green-ai-hub.de/pilot-
projekte/pilotprojekt-intex-gmbh. Zugegriffen: 20. Okt. 2025

© Der/die Herausgeber bzw. der/die Autor(en), exklusiv lizenziert an
Springer Fachmedien Wiesbaden GmbH, ein Teil von Springer Nature 2026
M. H. Dahm, *Mit Künstlicher Intelligenz zu mehr Nachhaltigkeit*,
FOM-Edition, https://doi.org/10.1007/978-3-658-51370-2

Green-AI Hub Mittelstand. (o. J.c). Deutsches Forschungszentrum für Künstliche Intelligenz: Werkzeugüberwachung durch Federated Learning. https://www.green-ai-hub.de/pilotprojekte/pilotprojekt-bosch. Zugegriffen: 20. Okt. 2025

Green-AI Hub Mittelstand. (o. J.d). Statikoptimierung für Aluminiumdächer, Kalzip GmbH und Deutsches Forschungszentrum für Künstliche Intelligenz. https://www.green-ai-hub.de/pilotprojekte/pilotprojekt-kalzip. Zugegriffen: 20. Okt. 2025

Hacker, H. & Schießer, L. (o. J.). Qualitätsbestimmung für Tiefdruckzylinder, 4Packaging GmbH und Deutsches Forschungszentrum für Künstliche Intelligenz. https://www.green-ai-hub.de/pilotprojekte/pilotprojekt-4packaging. Zugegriffen: 20. Okt. 2025

Henkel. (2025). Henkel launcht KI-generierte Klebstoffentwicklung, Mica-freie Sicherheitsbeschichtungen, smarte Debonding-Lösungen und innovative Elektrodenbeschichtung. https://www.henkel.de/presse-und-medien/presseinformationen-und-pressemappen/2025-04-24-henkel-launcht-ki-generierte-klebstoffentwicklung-mica-freie-sicherheitsbeschichtungen-smarte-debonding-loesungen-und-innovative-elektrodenbeschichtung-2053162. Zugegriffen: 25. April 2025

Holmes, W., Bialik, M., & Fadel, C. (2019). *Artificial intelligence in education: Promises and implications for teaching and learning*. Center for Curriculum Redesign.

Jahn, J. (2024). *Order analysis, deep learning, and connections to optimization. Vector optimization*. Springer Nature Switzerland.

Microsoft. (o. J.). Seeing AI: An app for visually impaired people that narrates the world around you. https://www.microsoft.com/en-us/garage/wall-of-fame/seeing-ai/?msockid = 172ebd77d555676c0488a984d4ed669c. Zugegriffen: 25. April 2025

Murphy, K. P. (2014). *Machine learning – A probabilistic perspective*. In *Adaptive Computation and Machine Learning*. MIT Press.

Pohlmann, N. (2022). Künstliche Intelligenz und Cyber-Sicherheit. In N. Pohlmann (Hrsg.), *Cyber-Sicherheit* (S. 561–613). Springer Fachmedien Wiesbaden.

Reuter, P., & Schubhan, M. (o. J.). Überproduktionsreduktion in der Leiterplattenfertigung, Schaltungsdruck Storz GmbH + Co. KG und Deutsches Forschungszentrum für Künstliche Intelligenz. https://www.green-ai-hub.de/pilotprojekte/pilotprojekt-storz. Zugegriffen: 20. Okt. 2025

Schmid, A., & Reichwald, F. (o. J.). LLM-Ticket-Analyse im Außendienstmanagement, Fieldcode Germany GmbH und Deutsches Forschungszentrum für Künstliche Intelligenz.. https://www.green-ai-hub.de/pilotprojekte/pilotprojekt-fieldcode. Zugegriffen: 25. Okt. 2025

Siemens Healthineers. (o. J.). Die Medizin mit hochwirksamen KI-Lösungen voranbringen. https://www.siemens-healthineers.com/deu/innovations/artificial-intelligence. Zugegriffen: 25. April 2025

Statista. (2024). Infografik zur größten Kündigungswelle im Tech-/Startup-Sektor. https://de.statista.com/infografik/29097/anzahl-der-weltweit-entlassenen-mitarbeiter_innen-im-tech—startup-sektor-seit-januar-2022/. Zugegriffen: 8. Juni 2025

Wee, L. K. (2024). Klarna entlässt Hälfte der Mitarbeiter wegen KI, 28. August 2024. https://www.businessinsider.de/wirtschaft/international-business/klarna-entlaesst-haelfte-der-mitarbeiter-wegen-ki/. Zugegriffen: 10. Juni 2025

World Commission on Environment and Development. (1987). *Report of the world commission on environment and development: Our common future, A/42/427*. World Commission on Environment and Development.

Forschungsstark und praxisnah

FOM. Die Hochschule.
Für Berufstätige.

FOM Hochschulzentrum
Düsseldorf

Rund 45.000 Studierende, mehr als 20 Forschungseinrichtungen und 500 Veröffentlichungen im Jahr – damit zählt die FOM zu den größten und forschungsstärksten Hochschulen Europas. Initiiert durch die Stiftung für internationale Bildung und Wissenschaft folgt sie einem klaren Bildungsauftrag: Berufstätige und Abiturienten durch qualitativ hochwertige und bezahlbare Studiengänge akademisch zu qualifizieren. Als gemeinnützige Hochschule ist die FOM nicht gewinnorientiert, sondern reinvestiert sämtliche Gewinne – unter anderem in die Lehre und Forschung.

Die FOM ist staatlich anerkannt und bietet mehr als 60 praxisorientierte Bachelor- und Master-Studiengänge an. Studiert wird im Campus-Studium+ mit Vorlesungen im Hörsaal und virtuellen Anteilen oder komplett ortsunabhängig im Digitalen Live-Studium.

Lehrende und Studierende forschen an der FOM in einem großen Forschungsbereich aus hochschuleigenen Instituten und KompetenzCentren. Dort werden anwendungsorientierte Lösungen für betriebliche und gesellschaftliche Problemstellungen generiert. Aktuelle Forschungsergebnisse fließen unmittelbar in die Lehre ein und kommen so den Unternehmen und der Wirtschaft insgesamt zugute.

Zudem fördert die FOM grenzüberschreitende Projekte und Partnerschaften im europäischen und internationalen Forschungsraum. Durch Publikationen, über Fachtagungen, wissenschaftliche Konferenzen und Vortragsaktivitäten wird der Transfer der Forschungs- und Entwicklungsergebnisse in Wissenschaft und Wirtschaft sichergestellt.

Alle Institute und KompetenzCentren unter
fom.de/forschung

MIX
Papier aus verantwortungsvollen Quellen
Paper from responsible sources
FSC® C105338

If you have any concerns about our products,
you can contact us on
ProductSafety@springernature.com

In case Publisher is established outside the EU,
the EU authorized representative is:
Springer Nature Customer Service Center GmbH
Europaplatz 3, 69115 Heidelberg, Germany

Printed by Libri Plureos GmbH
in Hamburg, Germany